农业专家大讲堂系列

中华大蟾蜍
养殖与开发利用

李顺才 主编

U0228910

化学工业出版社

·北京·

图书在版编目（CIP）数据

中华大蟾蜍养殖与开发利用/李顺才主编. —北京：
化学工业出版社，2014.1（2022.9重印）
（农业专家大讲堂系列）
ISBN 978-7-122-18615-7

Ⅰ.①中… Ⅱ.①李… Ⅲ.①大蟾蜍-养殖
Ⅳ.①S865.9

中国版本图书馆 CIP 数据核字（2013）第 240386 号

责任编辑：邵桂林　　　　　　　文字编辑：周　偎
责任校对：王素芹　　　　　　　装帧设计：史利平

出版发行：化学工业出版社（北京市东城区青年湖南街 13 号　邮政编码 100011）
印　　装：北京虎彩文化传播有限公司
850mm×1168mm　1/32　印张 6¼　字数 178 千字
2022 年 9 月北京第 1 版第 4 次印刷

购书咨询：010-64518888
售后服务：010-64518899
网　　址：http://www.cip.com.cn
凡购买本书，如有缺损质量问题，本社销售中心负责调换。

定　　价：20.00 元　　　　　　　　　　版权所有　违者必究

前　言

中华大蟾蜍属于脊索动物门、两栖纲、无尾目、蟾蜍科。中华大蟾蜍耳后腺和皮肤腺分泌的白色浆液经收集加工制成的"蟾酥"，是我国传统的名贵药材，以蟾酥为主要成分制作的中成药在我国已达100余种，如驰名中外的"六神丸"、"梅花点舌丸"、"季德胜蛇药"等都含有蟾酥成分。蟾衣是中华大蟾蜍自然脱下的角质衣膜，为我国近年来研究发现的新的动物源中药材，具有清热解毒、消肿止痛、镇静、利尿等功效，对慢性肝病、多种癌症、慢性气管炎、腹水、疔毒疮痈等有较好的疗效。中华大蟾蜍是农作物害虫的天敌，据观察，每只中华大蟾蜍一夜之间平均消灭害虫100多只，半年可消灭害虫2万余条，在不施用任何农药的情况下，防虫效果达80％以上。因此，中华大蟾蜍在消灭农业害虫、保护环境卫生、维持生态平衡、减少传染源等诸方面有积极作用。中华大蟾蜍又是进行生理学研究、医学研究的重要实验动物，特别是在生理、药理学实验中更为常用。如蟾蜍的心脏在离体情况下，仍可有节奏地搏动很久，常用来研究心脏的生理功能、药物对心脏的作用等。

近年来，由于环境污染严重、建设开发等原因造成生态平衡遭受破坏，适宜中华大蟾蜍适宜栖息的潮湿地带日益减少。同时，由于市场对中华大蟾蜍产品需求量日益增加，人们对野生资源捕捉量远远超过其繁殖量，使得野生资源显著减少。因此，大力发展中华大蟾蜍人工养殖，扩大养殖规模，将会获得很好的经济效益、社会效益和生态效益，其前景十分广阔。

经过多年探索，中华大蟾蜍人工养殖技术取得了一些进展，积累了一定的经验，中华大蟾蜍人工养殖作为一种新兴冷门特种养殖业在全国迅速兴起。为了帮助广大养殖户更好地掌握中华大蟾蜍养殖技术、综合加工利用的方法与知识，我们在多年科研与实践的基础上，结合各地经验和最新科研成果，参考大量文献，编写了《中华大蟾蜍养殖与开发利用》一书。书中全面系统地介绍了中华大蟾蜍的生物学特性、养殖场的建造、引种、营养需要与饲料、人工繁殖、饲养管理、产品采集与加工利用、疾病防治等方面的知识与技术。全书内容丰富、新颖、科学、实用，文字通俗易懂，图文并茂，适用于中华大蟾蜍养殖与产品加工、药材收购人员及野外作业人员阅读使用，亦可供大专院校相关专业师生参考。

本书在编写过程中得到了许多同仁的关心和支持，在书中引用了一些专家、学者的研究成果和相关书刊资料，在此一并表示诚挚的感谢。我们本着认真负责的态度编写了本书，但因时间仓促，加之编者水平有限，书中疏漏和不妥之处，恳请同行专家和广大读者不吝指正。

编　者
2013 年 9 月

目录

参考文献

第一讲

中华大蟾蜍的生物学特性

◉ **本讲知识要点：**

☑ 中华大蟾蜍的分类学地位与分布
☑ 中华大蟾蜍的形态解剖
☑ 中华大蟾蜍的生活习性
☑ 环境因素对中华大蟾蜍的影响
☑ 中华大蟾蜍的经济价值

一、中华大蟾蜍的分类学地位及分布

中华大蟾蜍 *Bufo gargarizans* Cantor 俗称癞蛤蟆、癞格宝、蚧蛤蟆、虾蟆、癞团、癞疙瘩、癞肚子等，在动物分类学上的分类学地位为：

脊索动物门 Chordata
脊椎动物亚门 Vertebrata
两栖纲 Amphibia
无尾目 Anura（Salientia）
蟾蜍科 Bufonidae
蟾蜍属 *Bufo*

中华大蟾蜍根据成蟾和蝌蚪的形态特征可分为三个亚种：指名亚种 *Bufo gargarizans gargarizans* Cantor、华西亚种 *Bufo gargarizans andrewsi* Schmidt、岷山亚种 *Bufo gargarizans minshanicus* Stejneger。

中华大蟾蜍指名亚种分布于黑龙江、吉林、辽宁、河北、河南、山西、陕西、内蒙古、甘肃、青海、四川、贵州、湖北、安徽、江苏、浙江、江西、湖南、福建、台湾。国外分布于俄罗斯和朝鲜。

中华大蟾蜍华西亚种分布于甘肃、陕西、四川、云南、贵州、湖北、广西。

中华大蟾蜍岷山亚种分布于青海（祁连山南端）、甘肃（岷梁、卓尼）、宁夏（六盘山）、四川（阿坝州）。

二、中华大蟾蜍的形态解剖

（一）中华大蟾蜍的外部形态

中华大蟾蜍外形似蛙而较大，体粗壮，体长一般在 10 厘米以上，雄体较小。整体可分为头、躯干、四肢三部分，颈不明显，无尾（见图 1-1）。

图 1-1　中华大蟾蜍

1. 头部

头宽大于头长，头顶部光滑；吻端圆厚，嘴巴宽大，吻棱明显；雄体无声囊；二鼻孔接近吻端，具鼻瓣，可开闭；眼睛一对，大而突出，位于头部两侧，有上、下眼睑，下眼睑连接薄而透明的瞬膜，向上覆盖眼球，是对陆栖生活的适应，眼球突出，视野开阔，对活动物体敏感，对静止物体较为迟钝，上眼睑之宽为眼间距的 3/5，眼间距大于鼻间距；头两侧有耳，鼓膜圆形明显，眼和鼓膜的后方有大而长的耳后腺。

2. 躯干部

躯干粗短，皮肤极粗糙，背部及体侧分布有大小不等的疣粒，为皮肤腺形成的瘤状突起（也可采取蟾酥），而腹部的瘤状突起较小。背部无花斑，体色变化较大，在生殖季节，雄性背面呈黑绿色，体侧有浅色的斑纹；雌性背面颜色较浅，疣粒乳黄色，有时自眼后沿体侧有斜行的黑色纵斑。腹面不光滑，乳黄色，有棕色或黑色的花斑。

3. 四肢

前肢长而粗壮，指稍扁而略具缘膜，指长顺序为3、4、1、2，雄性内侧三指有棕或黑色的婚垫。后肢短粗，宜于匍行，胫跗关节前达肩部，左右跟部不相遇，皮肤疣粒明显，具5趾，趾略扁，趾长顺序为4、3、5、2、1，趾侧缘膜在基部相连形成半蹼（见表1-1）。

表1-1　中华大蟾蜍成体量度　　　　　单位：毫米

项目＼标本数及性别	6♂	6♀
体长	77.90 (65.52～85.68)	78.98 (63.80～106.46)
头发	21.84 (20.00～23.14)	22.69 (17.32～34.00)
头宽	31.63 (29.24～36.22)	32.11 (25.18～46.60)
吻长	9.84 (8.24～11.08)	9.73 (8.20～14.62)
鼻间距	5.01 (4.18～6.38)	5.21 (4.1～7.94)
上眼睑宽	6.12 (4.54～9.18)	6.28 (5.38～7.94)
眼间距	6.58 (5.42～9.18)	6.97 (5.46～12.00)
眼径	6.94 (6.38～8.20)	7.26 (6.26～8.68)
鼓膜	2.61 (1.14～6.12)	3.56 (3.00～6.12)
前臂及手长	35.74 (30.54～41.18)	35.95 (29.66～52.26)
前臂宽	10.72 (9.42～13.00)	10.31 (9.40～14.24)

续表

项目 \ 标本数及性别	6♂	6♀
后肢全长	104.86 (86.40~119.78)	98.25 (76.58~127.08)
胫长	31.24 (25.36~35.82)	29.34 (23.78~38.58)
足长	36.51 (30.00~40.98)	34.47 (27.40~45.84)

注：引自吴跃峰等著《河北动物志·两栖·爬行、哺乳动物类》，河北科学技术出版社，2009。

中华大蟾蜍体色随季节及性别不同而有差异。产卵季节及其前后，雄性背面多为黑绿色，有时体侧有浅色的花斑；雌性背面颜色较浅，瘰粒部深乳黄色，体侧有黑色与浅色相间的花斑。眼后有黑纹，沿耳后腺斜伸至胯部。腹面乳黄色与棕色或黑色形成花斑，在股基部为椭圆斑，较小的个体椭圆斑更为显著。雄性中华大蟾蜍体略小，皮肤松而色深，瘰粒圆滑，未角质化；前肢粗壮，内侧有三指，基部有黑色婚垫。无声囊、无雄性线。

（二）内部构造

1. 皮肤系统

中华大蟾蜍体表极粗糙，有大小不等的圆形瘰疣，其皮肤系统由表皮和真皮组成（见图1-2）。具有保护、防御、感觉、防止水分蒸发、辅助呼吸等功能。

中华大蟾蜍的表皮是皮肤的外层，由多层细胞组成，最下面的

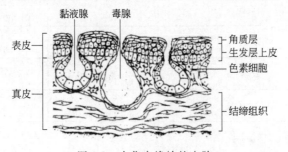

图1-2　中华大蟾蜍的皮肤

一层由柱状细胞构成细胞称生发层，最表面的 1～2 层细胞轻微角质化，称角质层。角质层角质化程度不深，防止水分蒸发的能力较弱，角质层细胞可时时脱落，由生发层细胞不断产生新细胞向外推移，代替衰老的角质层细胞。中华大蟾蜍表皮中富含腺体，下陷到真皮之中，这些腺体是由多个细胞组成的，称黏液腺。黏液腺是由多细胞构成的泡状腺。黏液腺的分泌部下陷到真皮中，外围肌肉层，有管道通皮肤表面。黏液腺分泌黏液使皮肤保持湿润，有利于皮肤呼吸，调节体温。除黏液腺外，中华大蟾蜍皮肤中还有毒腺。位于蟾蜍眼后的耳后腺（见图 1-3）和皮肤中的毒腺，一般认为是由黏液腺转变而来，能分泌白色乳状液的毒浆，内含华蟾毒、华蟾毒素、华蟾毒精等多种有毒成分，对食肉动物的舌和口腔黏膜有强烈的涩味刺激，因而是一种防御的适应。中华大蟾蜍、黑眶蟾蜍等耳后腺分泌物加工后为名贵中药材蟾酥。

图 1-3　耳后腺

中华大蟾蜍的真皮较厚，居表皮之下，分为两层，上层为疏松的海绵层，其内分布有多细胞腺、色素细胞和丰富的血管。下层为致密层，由致密结缔组织构成。真皮下是皮下结缔组织，皮肤靠它与体壁肌肉相连。

此外，在表皮和真皮中还有成层分布的各种色素细胞，不同的色素细胞相互配置，是构成蟾蜍体色和色纹的基础。

『知识链接』

　　中华大蟾蜍在脑下垂体和甲状腺控制下，角质化表皮定期从皮肤表面脱落，由下边的细胞形成新的角质层，这就是中华大蟾蜍的蜕皮现象。其所蜕下的角质化表皮即为蟾蜕。

2. 骨骼系统

中华大蟾蜍骨骼系统的各个部分靠肌肉联结在一起，形成身体的支架，和肌肉系统一起使机体保持一定的姿势，完成一定的运动机能。同时，骨骼及骨骼之间形成的骨架还固定和保护着机体的内部器官。骨骼系统包括中轴骨和附肢骨两部分（见图1-4）。中轴骨包括头骨、脊柱和胸骨；附肢骨包括带骨和肢骨。带骨分为肩带骨和腰带骨；肢骨分为前肢骨和后肢骨。

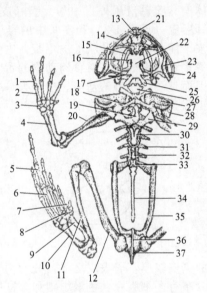

图1-4　中华大蟾蜍的骨骼系统（腹面观）
（引自黄正一主编，动物学实验方法，上海科学技术出版社，1984）
1—指骨；2—掌骨；3—腕骨；4—挠尺骨；5—趾骨；6—跖骨；
7—距；8—跗骨；9—距骨；10—跟骨；11—胫腓骨；12—股骨；
13—颐骨；14—齿骨；15—前角；16—前突起；17—后突起；
18—锁骨；19—上乌喙骨；20—肱骨；21—前颐骨；22—舌骨体；
23—麦克氏软骨；24—隅骨；25—后角；26—颈椎；27—上肩胛
骨；28—肩胛骨；29—乌喙骨；30—胸骨；31—横突；32—躯椎；
33—荐椎；34—尾杆骨；35—髂骨；36—耻骨；37—坐骨

（1）头骨

中华大蟾蜍的头骨的整体骨架呈扁平状，属于平颅型。头骨包括颅骨和咽骨两部分。头骨中构成颅腔的多块骨骼，统称颅骨，起保护脑组织的作用，视、听、嗅等感觉器官亦位于其中；位于颅腔腹面、构成咽腔的骨骼统称为咽骨。

（2）脊柱

包括颈椎1枚、躯干椎7枚、荐椎1枚和尾杆骨1枚（由若干尾椎骨愈合成的一细长棒状骨）。中华大蟾蜍和其他蛙类一样，头部不能转动，腰部不能扭转，只能上下活动，适于跳跃运动。

（3）胸骨

胸骨位于胸部的腹中线上，包括胸骨体和剑胸骨。

（4）肩带骨和前肢骨

中华大蟾蜍肩带呈半环形，左右对称。肩带由肩胛骨、乌喙骨、上乌喙骨、锁骨组成。肩带与前肢连接处形成肩臼。蟾蜍的左右上乌喙骨成弧状并互相重叠，可以活动，称弧胸型。前肢骨包括肱骨、桡尺骨、腕骨、掌骨、指骨等。前肢骨借助肩带骨和肌肉与脊柱联结在一起。

（5）腰带骨和后肢骨

腰带是蟾蜍后肢的支架，由髂骨、坐骨和耻骨3对骨构成，三骨愈合处的两外侧面各形成一凹窝，称髋臼，与股骨相关节。腰带的后部中间与尾杆骨相连。后肢骨包括股骨、胫腓骨、跗骨、跖骨、趾骨等。后肢骨借助腰带骨和肌肉与脊柱联结在一起。

3. 肌肉系统

包括平滑肌、骨骼肌和心肌。平滑肌又称不随意肌（不受意识支配），主要构成内脏器官的管壁。骨骼肌又称随意肌，是构成体壁与附肢的肌肉。心肌是构成心脏的特殊肌肉，收缩力极强。中华大蟾蜍由于登陆后运动复杂化，原始肌肉分节现象已不明显，肌隔消失，大部分肌节愈合并经过移位，分化成许多形状、功能各异的肌肉。只在腹直肌上可见数条横行的腱划为肌节的遗迹。附肢肌，特别是后肢肌由于运动的多样性而更为发达。

4. 消化系统

消化系统由消化道、消化腺组成（见图1-5）。

（1）消化道

消化道包括口、口咽腔、食道、胃、小肠、大肠、泄殖腔和肛

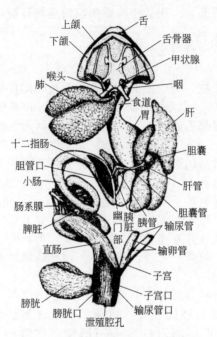

图 1-5　中华大蟾蜍的消化系统

门（泄殖腔孔）。

　　中华大蟾蜍口宽大，位于头前端，由上、下颌构成，口角向后开至鼓膜下方，口内为口腔，与咽部统称为口咽腔。口内有舌，前端固着于口腔底的前部，后端游离，舌尖不分叉。舌富含黏液腺，可翻出口腔外粘捕昆虫。口咽腔由口通向外界，由食管口通向食管；由喉门通向气管；有内鼻孔一对，位于腭前部两侧；耳咽管孔一对，位于口咽腔两侧，与中耳腔相通（图 1-6）。

　　食道又称食管，内壁有纵行的纹褶，食管与胃相通，其连接处称为贲门。胃为食道后方的膨大部分，也是消化道中最膨大的部分，略偏于体腔的左侧，由左向右呈"丁"字形，前宽后狭，最后突然紧缩。胃壁黏膜层含有许多管状胃腺，胃腺分泌胃液。胃壁肌肉层很厚，肌肉舒缩胃蠕动。胃与十二指肠相通，连接处称为幽门，有幽门瓣，由此将胃分为贲门部（胃的前半部）和幽门部（胃的后半部）。胃向后与小肠相通，小肠由前向后分为十二指肠、回

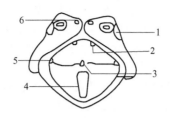

图 1-6　中华大蟾蜍口咽腔内部构造
1—鼓膜；2—内鼻孔；3—喉门；
4—舌；5—咽鼓管孔；6—外鼻孔

肠，回肠与大肠相通。十二指肠壁上有胆总管开口，输入胆汁、胰液消化蛋白质和脂肪。中华大蟾蜍的大肠粗而短，无高等脊椎动物那样的各段区分，故又称为直肠大肠，又称直肠。直肠直径为小肠的 2 倍多。位于大肠前端肠系膜内暗红色球状物为脾脏。脾脏为造血器官之一，和消化系统无关。直肠与泄殖腔相通。泄殖腔为消化、泄殖系统的共同腔道，位于大肠之后，泄殖腔壁上有肛门开口、输尿管开口、生殖导管开口。泄殖腔以肛门开口于体外。成蟾肠的长度为体长的 2 倍。

（2）消化腺

主要的消化腺是肝脏和胰脏（见图 1-7）。

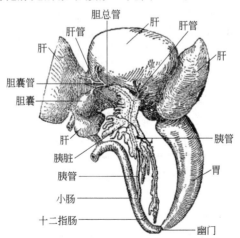

图 1-7　中华大蟾蜍的消化腺及其导管

① 肝脏。暗红色，位于体腔前部，分左、中、右三叶，中叶较小。胆囊淡黄绿色，呈椭圆形，位于左右肝叶背面之间，贮存肝分泌的胆汁。肝脏借肝管与胆囊管相通，肝脏也有肝管直通胆总管，胆总管开口于十二指肠。

② 胰脏。位于胃和十二指肠之间，外形不规则，胰脏借胰管与胆总管相通，将胰液导入十二指肠。

5. 呼吸系统

中华大蟾蜍为两栖类动物，成蟾以肺呼吸为主，辅助以皮肤呼吸；蝌蚪则用鳃呼吸。肺呼吸系统包括外鼻孔、鼻腔、内鼻孔、喉门、气管和肺。外鼻孔位于吻端上方，1 对，具鼻瓣，可开闭，借鼻腔与内鼻孔相通。口咽腔通过喉门与气管相通，其呼吸道喉头、气管分化不明显，为一短的喉气管室。喉气管室与肺相通，肺为囊泡状结构，内部呈蜂窝状，每一小室即为肺泡。肺泡壁上有丰富的毛细血管，在此完成气体交换。中华大蟾蜍的肺弹性小，表面积不够大，气体交换能力较差，需要辅助以皮肤呼吸。

『知识链接』

中华大蟾蜍皮肤薄、湿润，分布有丰富的毛细血管。皮肤呼吸主要靠皮肤内的毛细血管完成与外界的气体交换，皮肤呼吸表面：肺呼吸表面之比为 3：2，皮肤气体交换量：肺气体交换量为 1/3：2/3。中华大蟾蜍冬眠时，主要靠皮肤进行呼吸。

中华大蟾蜍蝌蚪无肺，利用皮肤和鳃进行呼吸。早期有 3 对羽状外鳃。外鳃萎缩消失的同时，逐渐出现内鳃（见图 1-8）。鳃腔以一个出水孔与体外相通。不论外鳃和内鳃，具有大量的毛细血管，而且有较大的与水相接触的表面积，以利于在水中呼吸。当内鳃消失后，蝌蚪就变成肺呼吸的幼蟾，开始水陆两栖生活。

6. 循环系统

中华大蟾蜍的循环系统属闭锁型，包括心脏、血管、血液和淋巴系，循环系统的主要功能是将营养物质运输到全身，将机体的代谢物运输到排泄器官。

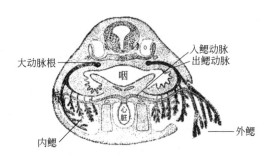

图 1-8　中华大蟾蜍蝌蚪的外鳃和内鳃

（1）心脏

位于胸腔内的围心腔内，由心房、心室、静脉窦和动脉圆锥组成。心房壁薄，肌肉质，位于围心腔前方，包括左右互不相通的两个心房，共同进入一个心室。心室位于心房腹侧，近三角形，肌肉质，壁厚，内部无分隔。心室内壁有肌肉质的柱状纵褶由中央向四周伸展。静脉窦位于心脏背面，薄壁囊状，是血液回心脏前的汇合处，呈倒三角形，前边两角分别与左、右前腔静脉相连，后边一角与后腔静脉相连，以窦房孔与右心房相通，窦房孔具瓣膜，起防止血液倒流的作用。

动脉圆锥自心室腹面右侧发出，与心室连接处有 3 块半月瓣。动脉圆锥内有一纵行的螺旋瓣，能随动脉圆锥收缩而转动，有助于分流心脏压出的血液（见图 1-9）。

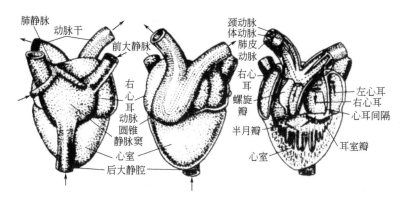

图 1-9　中华大蟾蜍的心脏结构

（2）血管

由动脉圆锥延伸出左、右两条动脉干。每条动脉干内以 2 个膈膜分为 3 支，由内向外依次为：颈总动脉，体动脉，肺皮动脉。颈动脉弓、体动脉弓，接受心室血液，将多氧血通过动脉送至小动脉、毛细血管，经过气体交换，释放氧气，分散营养物质，接受二氧化碳和组织代谢产物，此时的血液为缺氧血，缺氧血经小静脉、静脉进入体静脉至右心房。这个循环路线称体循环。肺皮动脉发出肺动脉，将少氧血送到肺脏，经过气体交换变成多氧血，经肺静脉至左心房，称为肺循环。

（3）血液

流动于血管中的物质统称为血液，血液由血浆和血细胞组成。血浆由水和各种营养物质组成，其中水占 90% 以上，营养物质有蛋白质、脂类、糖、无机盐等。血细胞存在于血浆中，主要有红细胞和白细胞。红细胞体积小、数量多，主要功能是运输氧气和二氧化碳。白细胞体积大、种类多、数量大，具有吞噬作用，在机体免疫功能中起着重要的作用。

（4）淋巴系统

淋巴系统是循环系统的辅助结构，包括淋巴液、淋巴管、淋巴窦、淋巴心、淋巴器官等。淋巴系统在皮下扩展成淋巴腔隙。淋巴液来源于组织间隙，含有血浆、白细胞，不含红细胞。淋巴管是输送淋巴液的管道，起始处为盲端，逐渐汇集变粗将淋巴液送入静脉血管。淋巴窦是淋巴管膨大的地方，如舌下淋巴窦，充满淋巴时可使舌突然外翻。淋巴心是淋巴通路上能搏动的区域。大蟾蜍有两对肌质淋巴心，前淋巴心一对位于肩胛骨下，第 3 椎骨两横突的后方，压送淋巴液进入椎静脉。后淋巴心一对位于尾杆骨尖端的两侧，压送淋巴液进入髂横静脉。脾脏位于直肠前端的肠系膜上，暗红色球状，是中华大蟾蜍的淋巴器官。

7. 泄殖系统

在两栖类，排泄系统和生殖系统的器官有着密切的联系，有的器官同时完成两个系统的功能，故称泄殖系统（见图 1-10）。

（1）排泄器官

包括肾脏、输尿管、膀胱和泄殖腔等器官。肾脏 1 对，位于体腔背壁、脊柱两侧，呈暗红色，长而扁平，外壁光滑，内缘分叶。

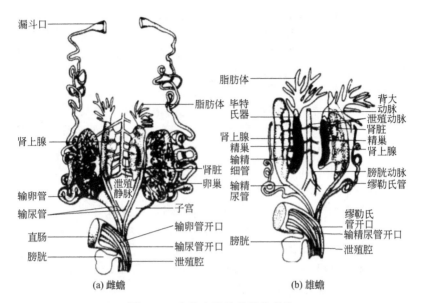

图 1-10　中华大蟾蜍的泄殖系统

肾脏的腹缘有 1 条橙黄色的肾上腺，为内分泌腺体。每侧肾脏外缘连接输尿管，于泄殖腔背部合二为一，开口于泄殖腔背壁。膀胱为 1 个两叶状薄壁囊，于腹壁开口于泄殖腔的中线处。膀胱能重吸收水分，以保持体内的水分。蟾蜍排出的含氮废物是尿素，每天排出的尿液约为体重的 1/3。

（2）生殖器官

中华大蟾蜍雌雄异体，进行体外受精，无外生殖器。

雌性生殖腺为 1 对卵巢，位于肾脏的外侧，其形状和大小随季节而不同。在生殖季节，卵巢内包含有大量黑色的卵，几乎充满体腔，卵巢前方有脂肪体，呈佛手状。脂肪体在冬眠前最为发达。输卵管呈白色，位于卵巢外侧，其前端膨大呈喇叭口状（在肺附近），称输卵管伞，开口于体腔。输卵管膨大部分形成子宫，子宫在后部合二为一，后端开口泄殖腔。卵成熟后破卵巢壁落入体腔内，靠腹肌的收缩以及输卵管喇叭口纤毛的作用，使卵子进入喇叭口，卵子沿输卵管下行，在下行过程中，卵外包裹由输卵管壁腺体分泌的胶膜，再下行入子宫。等到交配时，由泄殖孔排出体外。

雄性生殖腺为 1 对睾丸。睾丸又称精巢，位于肾脏内侧，呈长椭圆柱形，其有脂肪体位于睾丸的前方，睾丸有输精小管通入肾脏前端，与输尿管相通。输尿管兼具输精、输尿作用，因此又称其为输精尿管或尿殖管，两条尿殖管在后部合并，共同开口于泄殖腔。在睾丸前端，有一黄色圆形结构，称毕特氏器，相当于残余的卵巢。雄蟾蜍体内保留着退化的输卵管（缪勒氏管），位于肾脏外侧，其前端渐细而封闭，后端左右合一，开口于泄殖腔〔见图 1-10（b）〕。

『知识链接』

中华大蟾蜍雌、雄生殖腺前方的脂肪体含有脂肪，为贮存营养的结构。脂肪体的大小随季节变化。在深秋，当渐进冬眠期时，脂肪体最大，到来年与生殖细胞迅速增长发育，脂肪体变得很小。摘除脂肪体会引起生殖腺的萎缩，由此可见脂肪体与生殖腺的正常发育密切相关。

8. 神经系统与感觉器官

神经系统调节机体的活动和代谢，机体通过感觉器官接受外界环境信息，通过神经系统的调节，产生相应的反应，使机体与外界相适应，完成机体的生命活动。

（1）神经系统

神经系统包括脑、脊髓和神经。脑和脊髓统称为中枢神经系统，由脑和脊髓发出的神经和神经带构成外周神经系统。脑位于颅腔内，由嗅叶、大脑、间脑、中脑、小脑和延脑组成。中华大蟾蜍大脑不发达，为两个半球，内部有左、右侧脑室，其背面有零散的神经细胞，与陆地捕食和逃避敌害活动有关。间脑顶部呈薄膜状，有富含血管的前脉络丛。松果体不发达。间脑中央为第三脑室与松果体内腔相通，前方与侧脑室相通。第三脑室侧壁厚叫丘脑（视丘），腹壁叫下丘脑（包括漏斗体和脑下垂体）。中脑发达，是视觉中心，小脑与机体的运动和平衡有关。脊髓位于脊椎管内，灰白色，两侧发出脊神经，脊髓在腰部（第二椎骨）和肱部（第四椎骨）附近有所膨大，分别称为腰膨大部和肱膨大部，在尾部变细称为终丝。神经主要有脑神经和脊神经。脑神经有 10 对，如嗅神经、视神经、听神经等。脊神经有 10 对，由脊髓发出，分布于躯干和四肢，调节躯干和四肢的活动。

（2）感觉器官

感觉器官使蟾蜍感受外界环境信息，通过神经反馈到神经中枢，使机体做出相应的反应。感觉器官包括视觉器官、听觉器官、味觉器官、嗅觉器官等。

① 视觉器官。眼主要部分是眼球，另外还有控制眼球活动的眼肌及保护眼球的眼睑、泪腺等附属器官。中华大蟾蜍眼近于圆形，角膜突出，晶状体略扁圆。虹膜的环肌及辐射状肌可调节瞳孔的大小，节制眼球的进光量。水晶体牵引肌可将水晶体前拉聚光，但水晶体的凸度无法调节，故蟾蜍只能看清活动的物体，而对静止的物体视而不见。因此，饲喂人工配合饵料时需经过一定方式的训练。

② 听觉器官。耳由中耳和内耳构成，无外耳。中耳鼓膜位于眼后方，鼓膜下方为鼓室。鼓室借耳咽管与口咽腔相通，空气可进入鼓室使鼓膜内外压力平衡。耳柱骨一端连在鼓膜内壁，另一端连在内耳卵圆窗。鼓膜感受震动，经耳柱骨传到内耳，产生听觉。内耳由膜迷路构成，膜迷路可分为椭圆囊、球囊和听壶等几部分。中华大蟾蜍听觉器官结构完善，听觉灵敏。因此，养殖场应建在较为安静的地方，以利于生长发育。

③ 嗅觉器官。中华大蟾蜍的嗅觉器官尚不完善。鼻腔内的嗅黏膜较平坦，嗅黏膜上有嗅觉细胞，经嗅神经与嗅叶相通。嗅黏膜的一部分变形为一种对空气的味觉感受器——犁鼻器。

9. 内分泌系统

由多种内分泌腺组成，主要有脑垂体、甲状腺、胸腺、肾上腺、胰岛和性腺等。内分泌腺分泌不同的激素，影响机体的生长和繁育。

（1）脑垂体

又称脑下腺，略呈三角形，淡黄色，位于间脑第三脑室的腹面、灰结节底下。垂体包括较大的椭圆形的后叶和位于后叶的两前外缘的前叶，是中华大蟾蜍极其重要的内分泌器官。能分泌多种激素，如促肾上腺皮质激素、促黑激素、促甲状腺激素、促黄体生成素、促卵泡激素、生长激素、催产素等，对调节机体代谢起重要的作用。

（2）甲状腺

位于颈动脉弓、体动脉弓及肺皮动脉弓基部的腹面，椭圆形，大如米粒，淡红褐色。甲状腺分泌甲状腺素，调节全身物质代谢和生长发育，影响蝌蚪变态。摘除甲状腺，蝌蚪不变态，适量注射甲状腺素，能加速蝌蚪变态。人工养殖蟾蜍时，可用甲状腺素来控制蝌蚪变态。

（3）胸腺

1个，椭圆形或近椭圆形，淡黄色。位于动脉干向前分为左右主动脉弓基部的前方、舌骨舌肌近起点的后腹面。胸腺分泌物抑制幼体性器官早熟，促幼体生长。有免疫机能。

（4）肾上腺

嵌于肾脏腹面，棕黄色，带状。肾上腺皮质可分泌肾上腺皮质激素，使血液中糖、脂肪酸和氨基酸的浓度升高，促进机体对营养物质的利用，还具有调节机体内水与电解质平衡的作用。其髓质分泌的肾上腺素，能使皮肤的黑色素细胞收缩，使皮肤颜色变浅。

（5）胰岛

位于胰脏内。分泌胰岛素，调节血糖代谢。

（6）性腺

包括卵巢和精巢，能分泌性激素，促进性器官的发育和第二性征的出现，同时对机体的代谢也有重要作用。

三、中华大蟾蜍的生活习性

（一）野生性

长期处于野生状态下的中华大蟾蜍，人工养殖仅有20余年的历史，且大多为野外放养类型。因此，中华大蟾蜍对环境的适应能力很弱，至今还保存着很多的野生特性。中华大蟾蜍喜静，怕惊扰。一旦惊吓或转移到新的环境就表现为烦躁不安，拒食，乱跳乱窜或潜水、钻洞，利用保护色潜伏在水草丛中，几小时不浮出水面。在人群围观下往往不吃食，在喧闹的环境下往往难以抱对、产卵或排精。中华大蟾蜍感觉灵敏，能觉察相距十几米甚至二十几米远的声响。这些都是中华大蟾蜍的野生性表现。在人工养殖中华大蟾蜍时，要注意保持环境安静，尽量减少人为干扰；并设防外逃设施。

（二）水陆两栖性

中华大蟾蜍为水陆两栖动物，所谓两栖就是大蟾蜍的生活需要淡水水域和陆地。中华大蟾蜍蝌蚪生活在淡水中，变态后的蟾蜍才开始营水陆两栖生活，但其结构和机能只是初步适应陆生生活。陆栖生活的成蟾喜游泳，不善跳跃，喜湿、喜暗、喜暖，需要生活在近水的潮湿环境中。多于自然环境较好的沟塘、水渠、石穴、农田、草地、山间等存有浅水或潮湿的地方活动。夏秋季节，白天活动较少，常栖息于水边草丛、砖石孔洞、野外土穴等阴暗潮湿的地方，傍晚至清晨出来活动、觅食，夜间较为活跃，阴雨天活动更为频繁。蟾蜍无交尾器，抱对、产卵、排精、受精、受精卵的孵化及蝌蚪的生活都必须在水中进行。

（三）冷血变温性

中华大蟾蜍代谢水平较低，自身的体温调节能力弱，为冷血变温动物。中华大蟾蜍不具备恒温调节的结构与机能，其体温随外界环境温度的变化而变化，体温受环境温度的制约。在高温条件下的体温调节机制则是依靠皮肤蒸发散失水分带走过多热量，当环境温度由常温上升至高温的初期，其体温随时间的增加而上升，然后相对稳定，此阶段其皮肤保持湿润，生理机能处于正常状况。当在高温中暴露时间延续到一定时间后，皮肤开始干燥，体温出现上升或下降趋势，其生理机能出现紊乱，进入此期后，开始出现死亡。在低温时，中华大蟾蜍体温随温度下降而下降。其生长发育、繁殖等各种活动明显受季节周期的影响。在自然条件下，春、秋两季是大蟾蜍活动最频繁、摄食量最大、生长发育最快的季节。在夏季水温超过30℃时，蟾蜍皮肤水分蒸发量大，而感到不适，摄食量相应减少。当秋末冬初，气温下降至10℃时，中华大蟾蜍就钻入砖、石、土穴或水底开始越冬，越冬期间停止进食，靠消耗体内贮存的营养物质维持机体最低代谢需要，直至次年春天，气温回升到10～12℃时，结束冬眠，发育成熟的蟾蜍开始第一次生殖。

（四）食性

中华大蟾蜍在不同生长期，食性不同。在蝌蚪期的食性和鱼类相似，刚孵出的蝌蚪依靠卵黄囊提供营养，3～4天后蝌蚪的口张开以后，可摄取水中的浮游生物、有机碎屑等，食物随水一起进入口腔，随即闭合口腔，将进入口腔的水经鳃孔排出体外，食物通过咽部和食管进入胃肠道。在自然状态下，蝌蚪孵出后喜食浮游在水中的蓝藻、绿藻、硅藻等植物性食物，随着蝌蚪长大，也喜欢吃草履虫、水蚤、轮虫、小鱼、小虾等动物性食物，为杂食性。人工饲养时，中华大蟾蜍蝌蚪期对动物性饲料（如水蚤类）、植物性饲料（如藻类）和人工饲料（如鱼肉粉、蛋黄及豆渣、米糠、玉米粉等）都能摄食，只要能进入其口腔并吞咽得下。对刚孵化后3～4天的蝌蚪可供给肥水中的藻类，5～6天后可投喂豆浆、豆饼粉、麦麸、切碎的动物内脏，7天后喂用动植物原料配制的配合饵料。

中华大蟾蜍成蟾摄食时，往往是静候在安全、僻静之处，蹲伏不动，当捕食对象运动到邻近时才猛扑过去，伸出灵巧而柔软的长舌（舌面富有黏液），将食物逮住，迅速卷入口中；食物进入口腔内并不咀嚼，而是整个囫囵吞下。根据研究，中华大蟾蜍食性很广，但以动物性食物为主，占食物量的97.5％，其捕食动物可达4纲、12目、48种以上，在地面和近地面的昆虫和其他小动物几乎均可捕食。其中以鞘翅目、膜翅目、革翅目、直翅目、双翅目、同翅目的有害昆虫为主要食物。中华大蟾蜍贪食，食量也大，在适宜的温度范围，饱食时胃容量可达其体重的11％。另据报道，随着中华大蟾蜍体重的增加，其食物量大致与其体重呈正相关。中华大蟾蜍也具有较强的耐饥能力，可忍受1～2个月的饥饿而不死亡。但在饵料缺乏时，会相互争食。因此，人工饲养大蟾蜍，应按规格大小分开饲养，同时供给足够的饵料。

『知识链接』

中华大蟾蜍蝌蚪一旦变态成为成蟾后，由于其晶状体不能调节凸度，对活动的物体很敏感，善于发现并捕食活动的动物，尤其喜食小型动物，而对静止的物体却视而不见。成蟾的这一特殊食性，约束了中华大蟾蜍养殖的发展。但在人工养殖中华大蟾蜍时，可利用此一行为特点，将人工配合饲料混杂于活饵中或使其被动运动（如捏成小团人工抛撒）等让其摄食。

（五）生殖的季节性

中华大蟾蜍在每年春季，当水温回升至 10℃ 左右时，结束冬眠出蛰，开始觅食活动，同时发育成熟的蟾蜍到有浅水或缓流的小溪、沟渠内交配、产卵。中华大蟾蜍的产卵季节因地理分布不同而有所不同（见表 1-2），如中华大蟾蜍在辽宁省北镇产卵期在 4 月中旬至 5 月上旬；在徐州则提前到 2 月底至 3 月中旬，表现出由北至南，逐渐提前的趋势。在繁殖季节，中华大蟾蜍抱对，雌蟾蜍产卵的同时雄蟾蜍排精，在水中完成受精作用。中华大蟾蜍每次产卵 3000～5000 粒。卵外胶膜遇水膨胀，有防止受精异常、聚集阳光热量、保护等作用。蟾蜍卵受精后 2～4 小时开始卵裂，因是端黄卵，而行不完全卵裂。动物极细胞小，黑色，植物极细胞大，色浅。经囊胚、原肠胚、神经胚等（20℃时需 3～5 天）发育成蝌蚪。刚孵出的小蝌蚪经 2～3 天开始采食，先以卵膜为食，以后吃一些动植物的碎屑、水中的浮游生物等，蝌蚪经过 30～60 天的发育，变态为幼蟾蜍，幼蟾蜍经生长发育成性成熟的蟾蜍。

表 1-2　中华大蟾蜍的繁殖时间

地区	吉林	辽宁北镇	华北地区	成都地区	江苏徐州	上海	江西南昌	福建
繁殖时间	4 月至 5 月	4 月中旬至 5 月中旬	3 月至 4 月	1 至 2 月间	2 月底至 4 月初	2 月上旬至 3 月上旬	2 月上旬至 3 月中旬	2 月至 3 月

（六）变态发育

在中华大蟾蜍的生活史中，蝌蚪必须经过变态才能成为幼蟾。变态期间蝌蚪体内、体外出现一系列的变化，其实质上是各种器官由适应水栖转变为适应陆生的改造过程。大约孵化后 30 天，蝌蚪尾鳍基部、肛部两侧出现乳头状凸出，出现后肢芽，并逐渐成长为后肢，形成股、胫、趾和蹼。孵化 60 天左右，前肢于鳃盖喷水孔伸出体外，逐渐长成前肢。前后肢成长的同时，蝌蚪尾部逐渐缩小直至消失。与此同时，口裂逐渐加深，鼓膜出现，内部器官也相应变化。当蝌蚪还在以鳃进行呼吸时，咽部就已经长出肺芽，并逐渐扩大和形成左右肺，最终完全替代鳃。在呼吸器官由鳃转化为肺的过程中，心脏发展成两心房一心室，而血液循环方式随之有单循环改造为不完全的双循环。完成变态后的幼蟾已能离水登陆营两栖生活，并且演变为吃动物性食物、消化道由螺旋状盘曲转变为粗短的肠管，同时胃、肠分化也趋于明显（见图1-11）。

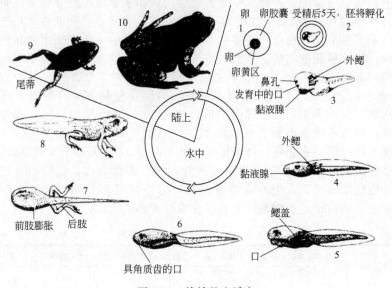

图 1-11　蟾蜍的生活史

（七）冬眠

在整个脊椎动物的演化上，两栖类是比较低等的动物，其组织结构和功能都较原始，代谢水平也较低，如心脏仅单一心室，皮肤也缺乏保温功能，没有像更高等的鸟类及哺乳类有由表皮衍生出的羽毛或毛发，不能形成隔温层。所以，两栖类的体温很容易受外界的影响，因此叫做变温动物物或冷血动物。两栖类到秋冬气温开始变冷时，体温也随之下降，机体的功能减迟。一旦两栖类动物不能把体温保持在一定的高度的时候，它们就开始寻找合适的地方躲藏起来进行冬眠。冬眠是两栖类对低温条件的一种适应，也是其在漫长岁月中所形成的一种遗传特性。

中华大蟾蜍是变温动物，同时又是狭温动物。中华大蟾蜍的活动与季节有很大关系。一般来说从春末到冬初这一段时间为中华大蟾蜍的活动期，是其摄食、繁殖、活动的时期。秋末之后，气温逐渐下降，中华大蟾蜍活动变弱，摄食量也减少。一般当温度降到15℃以下时，多数中华大蟾蜍个体发生越冬迁移，越冬期间雌蟾先于雄蟾迁入越冬场所，越冬迁移的距离有远有近，最远的超过300米，也有少数个体就在觅食地越冬，迁移速度为每分钟1米，最大迁移延续时间约为22小时。当气温降到10℃以下时，中华大蟾蜍便蛰伏穴中或淤泥中，双目紧闭，不食不动，呼吸和血液循环等生理活动都降到最低限度，进入冬眠。至来年春天气温回升到10℃以上即结束冬眠。生活在不同地理区域的大蟾蜍冬眠的起止时间有所不同，如生活与扬州的中华大蟾蜍只有3个月左右的冬眠期，而生活于长沙地区的中华大蟾蜍冬眠期为2个月。

对中华大蟾蜍的研究表明，其越冬场位于1~2米深的水底，在水中抱对越冬。越冬场所一般为上坎脚、竹林脚、石梯下、水田中等。冬眠期间，中华大蟾蜍在冬眠期间大多是雌雄相互拥抱成对沉入深水区底部越冬，同性之间即使相抱后也会马上分开。中华大蟾蜍群居冬眠的生物学意义可能再与有效地利用新陈代谢所产生的热量保持一定的体温，降低个体抵抗寒冷所需的新陈代谢水平，减少体内物质的消耗，有利于安全地过漫长的冬眠期。

冬眠期间，中华大蟾蜍主要靠体内积蓄的肝糖和脂肪来维持生命。为此，大蟾蜍进入冬眠前，往往有一个积极取食的越冬前期，为越冬贮存养料。所以，人工养殖时，每年秋末即冬眠前必须加强饲喂，促其蓄备营养，以利安全越冬，提高成活率。冬天可利用地热水、工业无害废热或安设保暖防风设备，使大蟾蜍不冬眠或缩短冬眠期，既可延长其生长期，又可促其提前产卵孵化。

我国大部分地区处于温带，除南方亚热带常年气温在10℃以上的地区外，大部分地区冬季气温都低于10℃。例如长江中下游地区，从11月中下旬到次年3月中旬约有4个月气温低于10℃。华北平原一般从10月下旬到第二年4月中旬，长达半年之久的日平均气温低于10℃。中华大蟾蜍所面临的恶劣温度环境主要是冬季低温，因此，在我国养殖大蟾蜍的大部分地区都有一个越冬管理的问题。

四、环境因素对中华大蟾蜍的影响

(一)温度的影响

中华大蟾蜍为变温动物，环境温度对其栖息、摄食、生长和繁殖活动都有很大影响。环境温度的变化以及由此引起的食物组成和数量的变化，使在自然条件下野生中华大蟾蜍的生长发育受到不同程度的影响，而且需要更换栖息地，为寻找适宜的生活环境而迁移，直到找到良好的生存环境。

首先，中华大蟾蜍的新陈代谢速率对温度有很大的依赖性，其体温随温度变化而变化。中华大蟾蜍的适宜温度为 20～32℃，最适温度为 25～30℃。中华大蟾蜍对低温有一定的耐受能力，当气温低于 10℃时进入到冬眠状态，在 4.15℃左右时失去定向运动能力，在 1.5℃左右呈现昏迷状态，在 -2℃时，可导致死亡。温度过高，则会使其皮肤散失过多的水分，影响呼吸。当在高温中（39～40℃）暴露时间延续到一定时间后，中华大蟾蜍的皮肤开始干燥，体温出现上升或下降趋势，其生理机能出现紊乱，进入此期后，开始出现死亡。

其次，温度的变化会影响到中华大蟾蜍的活动和采食量，温度适宜，中华大蟾蜍的活动增加，采食次数及采食量也就相应增多。春天，当气温达 12℃以上时，中华大蟾蜍的活动量开始增加；夏季，当气温在 20℃以上，天气温暖潮湿时，昆虫数量增多，中华大蟾蜍的活动和采食量也增多，利于其生长和发育，同时，中华大蟾蜍的毒腺及耳后腺浆液充足，利于蟾酥的采收。但而秋末，温度逐渐降低，食物减少，中华大蟾蜍的活动也减少，并为越冬作准备。

再次，温度是影响中华大蟾蜍产卵和孵化的重要因素之一。中华大蟾蜍繁殖需回到水中进行。卵孵化的温度范围是 10～30℃，最适温度为 18～24℃，低于 10℃或高于 30℃时，中华大蟾蜍的产卵就会受到影响而减产或停产，从而影响中华大蟾蜍的生长、发育和繁殖。另据报道，中华大蟾蜍卵的发育成熟必须经过冬季低温才能产卵。

（二）湿度的影响

中华大蟾蜍在蝌蚪期像鱼一样，离不开水体，即使短时间离开水体也会因此致死。变态后的中华大蟾蜍喜潮湿，它的皮肤角质化程度低，防止水分蒸发的能力较差，同时皮肤又兼有呼吸的功能，因此，其皮肤保持湿润对其维持正常生命活动至关重要。过于干燥的环境可使中华大蟾蜍脱水，腺体分泌减少，皮肤干燥，不利于呼吸和机体代谢，从而影响中华大蟾蜍的生存。中华大蟾蜍不同发育阶段对湿度的要求不同，变态幼蟾对湿度要求最高，以后随日龄的增长而逐渐降低，变态后的幼蟾湿度控制在85%～90%，1～2月龄幼蟾湿度控制在80%～85%，3月龄以上的蟾蜍湿度控制在70%～80%即可。中华大蟾蜍对较低环境湿度的耐受性与环境温度及日晒密切相关。温度越高，中华大蟾蜍所需的湿度也越大，尤其是幼蟾蜍，更怕干燥和日晒。

（三）光照的影响

中华大蟾蜍的行为、繁殖等都受光照的影响。中华大蟾蜍喜阴暗，有畏光习性，尤其是逃避强光直射。中华大蟾蜍一般夜间、阴雨天气活动频繁，而日照强光会使其躲入洞穴、草丛，长时间日照和干旱天气会影响其活动和采食，从而影响其生长发育。但中华大蟾蜍的生长发育也不可没有光照，适宜的光照对机体的发育、性腺的成熟有促进作用。若将蟾蜍长期饲养在黑暗条件下，则性腺成熟中断，或形象活动受到抑制，以致停止产卵、排精。另外，光照可以增加气温和水温，有利于陆地昆虫和水中浮游生物的生长、繁殖，从而提供大蟾蜍充足的食物；光照可以防止霉菌的生长，减少蟾蜍疾病的发生。所以，光照对蟾蜍的生存有重要作用。

水中生活的蝌蚪，在气温多变季节，光照会增加水温，促进浮游生物的繁殖，提供富足的食物。但炎热夏季，若阳光直射，导致水温过高时可导致蝌蚪死亡。适宜的光照会增加蝌蚪的活动和摄食量，从而促进其生长发育。

（四）水与水质的影响

中华大蟾蜍的卵需要产在水中，受精卵及胚胎的发育也离不开水，蝌蚪的生长发育更离不开水；水环境还提供了中华大蟾蜍水中生活时期所需要的浮游生物、水草等。变态后中华大蟾蜍虽可以离开水活动，但仍需要一定的湿度。所以，水对蟾蜍的繁衍生息具有不可缺少的重要作用。水中溶氧量、pH 值、盐度、浮游生物的种类和数量等衡量水质的指标，都影响中华大蟾蜍的生长、生活和繁殖。

1. 水的溶氧量

水的溶氧量对于主要用肺呼吸的成蟾无多大的影响，而对于中华大蟾蜍卵的孵化、蝌蚪的生存、变态以及幼体的发育等影响较大。水中溶氧的来源是空气中的氧气，因此水的溶氧量与水温、气压及水的流动有密切关系。一般来说，流动水的溶氧量高于静止水。水温高，气压低，水的溶氧量低；水温低，气压高，水的溶氧量高。例如：水温在 20℃时，1 升水中含有 9.7 厘米^3 的溶解氧；水温在 30℃时，1 升水中溶解氧的量则减少至 5.4 厘米^3。水的清洁度以及水中生物的多少也影响水中氧的含量，如夏季水中生物过多，会导致水的溶氧量下降（水中生物呼吸利用氧），尤其在蝌蚪养殖密度较大的情况下，缺氧尤为严重。人工养殖时，在水中放置过多的饵料而温度又过高时，会使水质及水的溶氧量受到影响，从而影响卵的孵化以及蝌蚪的生长发育。水中缺氧会引起卵孵化的中止和胚胎死亡，或蝌蚪死亡。实践表明，胚胎发育与蝌蚪呼吸均要求水中有较高的溶氧量，适于胚胎发育与蝌蚪生长的正常溶氧量为 6 毫克/升水。人工养殖时，必要时利用缓流水或使用增氧机，以提高水中溶氧量。

2. 水的 pH 值

即水的酸碱度，直接影响蝌蚪和成蟾的生存。水的酸碱度过高，破坏中华大蟾蜍体液的平衡。酸性水会妨碍蟾蜍的正常呼吸，使中华大蟾蜍摄食强度下降生长受到影响；碱性浓度太大的水体，会腐蚀蝌蚪的鳃组织和刺激中华大蟾蜍的皮肤，中华大蟾蜍在水体中生活感到不适，严重时会引起蓝皮病、眼球发白、红腿病等，严重时中毒死亡。中华大蟾蜍生活水体适宜的 pH 值为 6～8，最适为 pH 值 6.5～7.8。一般未被污染的缓流小溪、江、河、湖泊、池塘等的水均能满足上述要求，人工养殖时尽量加以利用。但废水、粪便的流入会引起水质腐败，因有机物过多，溶氧不足，尤其晚上氧化分解不充分，会使水体中的有机酸蓄积、pH 值降低。

3. 水体含盐量

水中还有许多盐类，如硝酸盐、铵盐、硫酸盐、碳酸盐等，构成了水的含盐量。含盐量主要通过影响水的密度和渗透压对中华大蟾蜍产生影响。中华大蟾蜍的身体外表的皮肤角质化程度低，如果水中含盐量过高，体内液体和血液里盐度低，体内水分就会大量失去，造成死亡。水中含盐量过高对蝌蚪及孵化中的卵影响更大，这种失水也会造成在水中孵化的卵和幼嫩的蝌蚪快速死亡。中华大蟾蜍饲养用水适宜的含盐量应在 1% 以下，否则会影响蝌蚪及中华大蟾蜍的生存。养殖大蟾蜍的水中一般不要喷撒化肥和药品，若确是防病需要，可应用某些适当药品，待病害消除后，应适当换水；同时要注意不要用被农药、化肥污染的水养殖大蟾蜍。

4. 水体营养状态

自然环境的水中，往往生存有大量的浮游生物、微生物和高等的水生植物（水草等），适量的浮游生物可为蝌蚪及大蟾蜍提供饵料，适量的水草利于蝌蚪和幼蟾栖息，也利于成蟾产卵和卵的孵化。但要注意，如果水质过肥或是高温季节，水中容易滋生有害病菌；另外浮游生物及有害藻类（铜绿微囊藻和水花囊藻，蓝藻、水绵、双星藻、转板藻等丝状藻类）也大量繁殖，会导致水溶氧量下降，其分解有害物质会使蝌蚪及卵因缺氧或受毒害而死亡；或使中华大蟾蜍被藻类的机械性缠绕而致死。所以，夏季养殖时，要控制水生植物的过度生长，定期更换池水，饵料的投放要适度，以防过多饵料沉入水底造成水体污染，影响蝌蚪及幼蟾的生长发育。

五、中华大蟾蜍的经济价值

（一）中华大蟾蜍是名贵的药用动物

中华大蟾蜍是一种药用价值相当高的经济动物，有很高的药用价值。早在古代，我国劳动人民就开始利用中华大蟾蜍治疗疾病，如《本草纲目》载："蟾蜍之地精也，上应月魄而性灵异，专攻毒拔毒耳。是物乃攻坚结、破痈岩，治恶疮之要药也。"又曰："治五疳八痢，肿毒，破伤风，脱肛。"《名医别录》载："疗阴疮，疽病，恶疮，制犬伤疮。"《本草经疏》载："辛寒能散热解毒，其性急速以毒攻毒则毒易解，毒解则肌肉和诸证祛矣。"《兽医本草》载："治幼畜疳积，体弱软脚，仔猪下痢，破伤风症，狂犬咬伤，疗疮肿毒等。"中华大蟾蜍耳后腺和皮肤腺分泌的白色浆液经收集加工制成的"蟾酥"，是我国传统的名贵药材。蟾酥含有蟾蜍毒素、精氨酸等物质，还含具有强心作用的甾体类物质，有强心利尿、兴奋呼吸、消肿开窍、解毒治病、麻醉止痛等功能，以蟾酥为主要成分制作的中成药在我国已达100余种，如驰名中外的"六神丸"、"梅花点舌丸"、"季德胜蛇药"、"蟾力苏"、"一粒牙痛丸"、"心宝"、"华蟾素注射液"等都含有蟾酥成分。近年来的研究还发现蟾酥还具有一定的抗癌作用。蟾酥在国外也备受青睐，日本医生认为蟾酥是治疗皮肤病最有效的外用药，德国已将蟾酥制剂用于临床治疗冠心病，朝鲜则将其用于治疗肿瘤。在国内外的中药材市场上，我国生产的蟾酥在国际市场上声望极高，每年出口2500多千克，可换得巨额外汇。由于对蟾酥需求的日益增加，国内收购量目前仅及需要量的一半。因此，我国将蟾酥列为我国重点保护中药材品种名录。蟾衣是蟾蜍自然脱下的角质衣膜，为我国近年来研究发现的新的动物源中药材，具有清热解毒、消肿止痛、镇静、利尿等功效，对慢性肝病、多种癌症、慢性气管炎、腹水、疗毒疮痈等有较好的疗效。另外，大蟾蜍去除内脏后的干燥全体以及皮、舌、头、肝、胆均可入药，分别称为"干蟾"、"蟾皮"、"蟾舌"、"蟾头"、"蟾肝"、"蟾胆"。

（二）中华大蟾蜍是农作物害虫的天敌

中华大蟾蜍是农作物害虫的天敌，是捕捉害虫的能手。据观察研究，大蟾蜍主食是蜘蛛、步行虫、蝼蛄、隐翅虫、食蚜虫、瓢虫、蚱蜢、象鼻虫、蚁类、蛆、蝼蛄、蚜虫、叶甲虫、沼甲虫、金龟子、蚊、蝇等农田害虫与少量益虫。而且它的胃口比青蛙大，食谱也较广，凡是破坏庄稼的害虫它都吃。而夏秋季节，中华大蟾蜍更是忙碌不停地在捕捉蚊虫。据观察，每只中华大蟾蜍一夜之间平均消灭害虫100多只，半年可消灭害虫2万余条，比青蛙高出1～2倍，在不施用任何农药的情况下，防虫效果达80%以上。由此可见，中华大蟾蜍在消灭农业害虫，保护农作物免遭虫害和在居民区吞吃苍蝇等传播传染病的有害昆虫，保护环境卫生，维持生态平衡，减少传染源等诸方面有积极作用。

（三） 中华大蟾蜍是常用的医学实验动物

中华大蟾蜍被列入国家保护的有益的或者有重要经济、科学价值的陆生野生动物名录（国家林业局，2000），是进行生理学研究、医学研究的重要实验动物。中华大蟾蜍其取材方便，常用于各种医学实验，特别是在生理、药理学实验中更为常用。如蟾蜍的心脏在离体情况下，仍可有节奏地搏动很久，常用来研究心脏的生理功能、药物对心脏的作用等。此外，蟾蜍还用于比较发育、移植免疫学、肢体再生、毒物和致畸胎药物筛选、内分泌及激素测定以及肿瘤学等研究。在临床检验工作中，还可用雄蟾作妊娠诊断实验。

综上所述，中华大蟾蜍不仅是捕食害虫的田园卫士，而且还能向人们提供治病的良药，是经济价值较高的特种动物。近年来，由于环境污染严重、建设开发等原因造成生态平衡遭受破坏，适宜中华大蟾蜍适宜栖息的潮湿地带日益减少。另外，由于市场对中华大蟾蜍产品需求量日益增加，造成野生资源捕捉量远远超过其繁殖量，使得野生资源显著减少。目前，尽管近年来有小规模的人工养殖，远远不能满足市场对中华大蟾蜍产品的日益增长的需要。中华大蟾蜍养殖是一项成本低、收效高、技术简单而且容易掌握的新兴产业。所以，大力发展中华大蟾蜍人工养殖，扩大养殖规模，将会获得很好的经济效益和生态效益，其前景十分广阔。

第二讲

中华大蟾蜍养殖场的建造

> **本讲知识要点:**
>
> √ 中华大蟾蜍养殖场的选址
> √ 中华大蟾蜍养殖场的布局设计
> √ 中华大蟾蜍养殖池的建造
> √ 越冬场所
> √ 御障的建筑
> √ 水田(稻田)与大田放养场所改造与利用

一、中华大蟾蜍养殖场的选址

从宏观上讲,养好中华大蟾蜍要做好三件事:养殖场的规划、种蟾的引进及科学的饲养管理。合理规划建设好养殖场是发展中华大蟾蜍养殖生产的关键之一。养殖场场址的选择和合理布局十分重要,它直接关系到中华大蟾蜍养殖的成败。场址选择要根据中华大蟾蜍的生活习性要求,并结合气候条件、经济条件和饲养规模、养殖目的而定。良好的场地和合理的布局应保证大蟾蜍有适宜的栖息地、活动场所和安静的环境,要保证有适宜的温度、湿度和弱光线,要方便投饵和打扫清洁,能有效地防止中华大蟾蜍外逃,并防止中华大蟾蜍的病虫害及天敌的危害。

(一)环境

中华大蟾蜍的野生性、水陆两栖性、变温性及特殊食性等生活习性要求。养殖场应建在靠近水源、排灌方便、通风、向阳、安静以及草木丛生、浮游动植物繁多、利于昆虫的滋生、更利于蟾蜍栖息的环境中。养殖场应选择环境幽静的地方，注意远离工厂、村庄、公路、集镇等噪声大、干扰多的地方。另外，应特别注意从空间上避开中华大蟾蜍的天敌，以免贻患无穷。例如村庄附近的小河旁、池塘（边）、湖泊或水库的周围以及山脚下的溪流旁等，均为比较理想的建场环境。养殖场周围环境及设备要适合中华大蟾蜍养殖生产，没有三废污染和病虫害危害，有利于中华大蟾蜍的生长发育和繁殖，同时要便于养殖场人员管理及相关物资进出，设备要能满足生产要求，并充分考虑到扩大生产规模的需求。

（二）水源与排灌

中华大蟾蜍是水陆两栖动物，本身喜潮湿，而且其产卵、孵化以及蝌蚪的生存完全离不开水，所以养殖场地必须建立在水源充足的地方。

水质的好坏直接关系到卵的孵化、蝌蚪的生长发育及变态。所以，选择养殖场地时，要远离"三废"污染区，对以上水源进行利用时，必须分别加以处理。

江河、水库、湖泊、坑塘之水，虽然含氧量高、浮游生物多，但易受各种废物的污染。江河、山泉、水库、坑塘之水最好先引入贮水池内，加入适量漂白粉，一方面增加水温和溶氧量，另一方面可起到净化水的作用，除去水中的杂质、病毒、病菌、寄生虫等。山泉水和井水含可溶性盐类较多而污染少。井水和自来水，则需要在贮水池内经过日照增温和曝气增氧后才能作为养殖用水，以保证一定的水温和溶氧量，光照时间的长短取决于气温的高低，以达到养殖所需要的水温范围为宜。

『经验推广』

为了监测水质，可在贮水池中放养一些小鱼，经常观察小鱼的活动，发现小鱼异常时，立即停止供水并进行检测，经过处理证明无毒害作用后，才能继续供应使用。被屠宰场和工矿废物污染的水绝对不能作为养殖场的水源。

另外，水的排灌也是很重要的，如干旱时的供水，暴雨成灾时的排水，养殖池水的注入与排出等均需要有一定的保障。大蟾蜍养殖池的水位应能控制自如、池水更换排灌方便。养殖场宜建在暴雨时不涝不淹，干旱时能及时供水，水源及水质有保障的地方。如果养蟾场的用水和农田灌溉系统相联系，一要注意水源的污染问题，二要考虑两者是否有矛盾，并做好相应准备，以免在天旱或排涝时两者不可兼顾而带来不必要的损失。

（三）土质

养殖场以建在保水性能良好的黏质土壤上最好，既可保水，又利于大蟾蜍的活动。对于渗水较快的土壤，养殖场地上需要经常喷水，修建养殖池时，池底要铺垫厚的塑料布，上面垫 20～30 厘米厚的三合土（沙、石灰、土的混合物），将三合土夯实后，上面还要垫些松土，池壁四周可砌上单层砖，也可圈围塑料布。这种方法建成的养殖池，可减少水的渗漏，增加保水功能，条件允许时还可建成保水性能好的水泥养殖池。

（四）饵料供应

中华大蟾蜍养殖场应建立在饵料丰富的地区，以便能诱集大量昆虫，供应大量浮游生物、螺类、黄粉虫等饵料；或者在该地区有丰富而廉价的生产饵料的原料及土地，如附近有供应畜禽粪的牛场、猪场、养禽场和排出畜禽水产品下脚料的食品加工厂等，以便为养殖池培育浮游生物，养殖蚯蚓、蝇蛆以及生产人工配合饵料。当然，对大蟾蜍进行饵料驯化，最终使用人工配合饵料是解决大蟾蜍饵料保障的根本途径。

（五）社会经济状况

养殖场位置应选择交通便利、电力充足，距村庄、居民生活区、屠宰场、牲畜市场、交通主干道较远的位于住宅区下风方向和饮用水源的下方的地方。良好的交通条件可保障供给品的购运和产品的销售，而方便快捷的通信利于日常管理和信息的捕获，从而在市场中获得较好的经济效益。养殖场一般要距离居民区及主要交通道路 500 米以上，距离次要道路 100 米以上，以便于卫生防疫工作。

二、中华大蟾蜍养殖场的布局设计

中华大蟾蜍养殖场的建设规模，应根据生产需要、资金投入等情况而定。建造一个完整的、具有一定规模的中华大蟾蜍养殖场，不但要有产卵池、幼蟾池、成蟾池及相应的活动场所，还要有贮水池、孵化池、蝌蚪池、活饵料培育场、饲料加工场、药用产品加工车间、贮备室、药品室、水电控制室、办公室、宿舍及相应的福利设施等，这就需要较大的养殖场地。在建设规模（总面积）条件下，养殖场的各类建筑大小、数量及比例必须合理，使之周转利用率和产出达到较高水平。具体规划设计时，可以根据具体情况，如养殖目的、资金多少、场地等情况来确定规模。如果只是提供商品蟾蜍或只饲养成体刮浆蟾蜍，则养殖规模可以较小，所需要的场地也就较小。

一个完整的养殖场，首先应建造围墙和大门，要有相应的福利设施及加工场舍、仓库、排灌系统等，除此之外，要建造各种养殖池，准备陆地活动场所和越冬场所。中华大蟾蜍养殖场要注意布局合理，使之既便于生产管理，又为蟾蜍的生长、繁殖提供良好的环境条件。中华大蟾蜍养殖池根据用途可分为种蟾（产卵）池、孵化池、蝌蚪池、幼蟾池、成蟾池等。对于自繁自养的养殖场，场内上述各种养殖池的面积比例大致为 5∶0.05∶1∶10∶20。对种苗场，可适当缩小幼蟾池和成蟾池所占的面积比例，相应增加其他养殖池所占的面积比例。各类养殖池最好建多个，但每个养殖池面积大小要适当。过大则管理困难，投喂饵料不便，一旦发生病害，难以隔离防治，造成不必要的损失；过小则浪费土地和建筑材料，还增加操作次数；同时过小的水体，其理化和生物学性质不稳定，不利于蟾蜍的生长、繁殖。养殖池一般建成长方形，长与宽的比例为（2～3）∶1。贮水池要建在较高的位置，这样在流入下面的养殖池时可以自然增加溶氧量；利用贮水池供水时，不能让水由一个养殖池再留到另一个养殖池，要分别有可控的供水管道，以便于防止水质污染、疫病流行和寄生虫的传播（见图 2-1）。

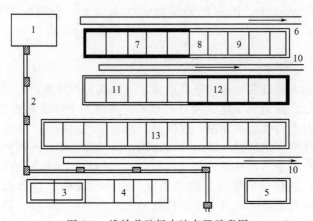

图 2-1　蟾蜍养殖场水池布置示意图

1—贮水池；2—围栏；3—管理室；4—活饵料培育室；5—隔离治疗池；
6—排水渠；7—种蟾池；8—孵化池；9—产卵池；10—排水沟；
11—蝌蚪池；12—幼蟾池；13—商品蟾池

三、中华大蟾蜍养殖池的建造

建造各种养殖池时，均需设计建造进水孔、出水孔、溢水孔，各孔处应加设细目耐腐蚀的丝网，各池均有通向水源或贮水池的专用可控水流管道。池内种植水生植物，为蝌蚪及成蟾提供适宜栖息环境。池周有排水沟，溢水孔和排水孔的废水均需进入排水沟。进水孔设在池的上方，排水孔设在池的底部，溢水孔可根据所需水深设置一个或几个，孔上加设可控水流装置，以利于不同水深时溢水的需要。

（一）种蟾池

种蟾池又叫称产卵池，用于饲养种蟾和供种蟾抱对、产卵。种蟾产卵池可采用土池或水泥池，如果进行人工催产，为避免人员下池活动造成水质浑浊，影响孵化，最好采用水泥池产卵。若采用自然产卵繁殖，则使用土池比较合适。如果选用养鱼池等作为产卵池，在放进种蟾类之前，要彻底清池，清除野杂鱼和其他两栖类等。

中华大蟾蜍抱对时要求环境安静，产卵池宜建在养殖场中较为僻静的地方。种蟾池大小要根据养殖量确定，面积过大会即造成场地的浪费，也不利于卵块的收集。面积过小时，水体易变质，同时不利于大蟾蜍的游泳活动。根据生产规模、便于观察和操作等因素综合考虑，一般为 10～15 米² 大小较为适宜（至少要保证每对种蟾占有 1 米² 左右的水面）。池深 1 米，池壁坡度 1：2.5，水深50～80 厘米，形成四周浅、中间深的水体结构，浅水区用于产卵，深水区用于中华大蟾蜍游泳活动。池中种植一些水生植物，用以净化水质，使产出的种卵能附着在水草上而浮于水面，从而便于收集卵块。为满足种蟾的生活需求，养殖池的四周需留有一定的陆地供中华大蟾蜍陆地活动，池四周留有陆栖活动场所，与池水面积比为1：1。也可在池中建一小岛，作为中华大蟾蜍取食和栖息之地。池边应建造一些洞穴，以利于蟾蜍栖息、藏身。陆地场所或水池内要设置饵料台，并加设诱虫灯诱虫，搭建遮阳棚。陆地场所要绿化，遮阳保湿。产卵池的进水孔、排水孔和溢水孔都要有目较密的铁丝网，以防流入杂物或防止蝌蚪随水流走。产卵池与其他养殖池要用御障隔离开来，也可在四周加圈网，以防中华大蟾蜍逃逸和敌害侵入。规模较小的养殖场也可以不设立专门的产卵池，而以成蟾养殖池代替。

（二）孵化池

中华大蟾蜍对受精卵无保护行为，其受精卵较小，在孵化期间对环境条件的反应敏感，又容易被天敌吞食。为提高受精卵的孵化率，宜设置专门的孵化池。实践证明，土池常使下沉的卵被泥土覆盖而使胚胎窒息死亡，而且难以彻底转移蝌蚪，使用效果较差。因此，孵化池最好建成水泥池，以避免卵块沉入水底被泥沙埋没的情况。孵化池面积不必太大，面积一般 2～4 米²，养殖规模较大时可连接数个池子，以便按不同产卵期分池孵化。池深 40～50 厘米、水深 15～25 厘米，要求池壁光滑（最好用瓷砖贴面），不渗水，有一定坡度。

孵化池的进水孔与排水孔应设于相对处，进水孔的位置高于排水孔。排水孔用弯曲塑料管从池底引导出来，如果池水水位过高，则池水通过排水管溢出池外，从而调节水位（见图 2-2）。排水孔罩以每平方厘米 40 目的纱网，以免排出卵、胚胎或蝌蚪。利用进水孔和出水孔可保证池内水有流动性，一方面增加水内溶氧量，提

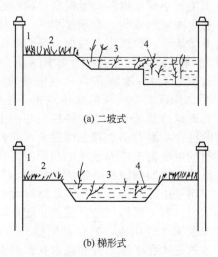

图 2-2　中华大蟾蜍产卵池
1—围墙；2—陆地；3—产卵适宜区；4—水草

供胚胎发育所需氧气，提高孵化率；另一方面可保水质清新。流动水最好是经过日照和曝气的水，以保证孵化温度的恒定。同时在池内种养一些水草，供孵出的蝌蚪附着和栖息。如果是在孵化池中续养蝌蚪，还要设置饵料台，饵料台的大小以占 1/4 水面为宜，浸入水面 5 厘米左右。在孵化时，孵化池上方宜设置遮阳棚。水面上放些浮萍等水草，将卵放在草上既没入水中，又不致使卵落入池底而窒息死亡；同时，有利于刚孵出的蝌蚪吸附休息。也可以在离池底 5 厘米处搁置每平方厘米 40 目的纱窗板，使卵在纱窗板上方，不沉入池底。

　　小型养殖场，为节约和充分利用场地，可在产卵池内设立孵化网箱。网箱用 40 目的尼龙网制成，上有盖下有底。一般长 120 厘米、宽 80 厘米，其高度以箱体进入水中 20 厘米，上面仍要露出水面 10～20 厘米为宜，其高度一般 30～40 厘米即可。网箱要用钢筋焊成的和网箱大小相同的框架固定和支撑。

　　（三）蝌蚪池

　　大规模养殖时，需将蝌蚪分级分群饲养，需要有专门的蝌蚪池专门用于饲养蝌蚪。小规模养殖时，可继续在孵化池内饲养蝌蚪。分级分群饲养也有利于蝌蚪的生长发育。为了便于统一管理，几个蝌蚪池可集中建设相同宽度的水泥池数个，在同一地段，毗邻排列，利于捕捞和分群管理。中华大蟾蜍养殖场具体建筑蝌蚪池的数量和每个池的大小应根据养殖规模而定。

蝌蚪池一般采用水泥池。蝌蚪池大小以 5～20 米^2 为宜，长形或方形皆可；池深 0.8～1 米，池壁坡度 1:2.5，池周围也可留出一定面积的陆栖场所，与水面面积比为 1:1，以利于变态后幼蟾上岸活动和休息。水深不宜过浅，以防太阳照射后水温过高，造成蝌蚪伤亡，一般控制在 20～30 厘米。分设进水孔、排水孔和溢水孔。排水孔设在池底，作换水或捕捞蝌蚪时排水用。溢水孔设在距池底 50～60 厘米处，以控制水位。进水孔在池壁最上部。进水孔、溢水孔和排水孔都要在孔口装置丝网，以防流入杂物或蝌蚪随水流走。初始，蝌蚪浮游能力差，池水浅一些利于呼吸氧气，随着蝌蚪长大增加水深，可增加游动空间。如果不是缓流水，每天换水一次，每次换掉池水的 1/5～1/3，加换的新水要富含浮游生物，水温差不大于 2℃。

蝌蚪池中放养一些水浮莲、槐叶萍等水生植物，放置浮板或建突出于水面的石台，以便于蝌蚪休息或变态后的幼蟾栖息，否则刚变态的幼蟾会因无法呼吸而造成死亡。炎热多雨季节，可于池的上方搭建遮阳篷，防止太阳强晒和雨大积水外溢。池中设置数个饵料台，台面低于水面 5～10 厘米。池中央高于水面 20～30 厘米安装诱虫灯，昆虫落浮于水中供蝌蚪及变态后的幼蟾捕食。气候多变季节，可在池上方搭建大棚，以防风、雨或寒流的侵袭。在蝌蚪变态为幼蟾之前，在池的四周或一边的陆地上用茅草、木板覆盖一些隐蔽处，或用砖石或水泥建造多个洞穴，让幼蟾躲藏其中，以便于捕捉。同时在池周加圈网，以防提前变态的幼蟾逃逸，也可设置永久性御障。水泥池便于操作管理，成活率较高，但要注意池底宜铺一层约 5 厘米的泥土。

蝌蚪池也可采用土池。土池养殖蝌蚪要求池埂坚实不漏水，池底平坦并有少量淤泥。土池一般具有水体较大，水质比较稳定，培育出的蝌蚪较大等优点；但管理难度大，敌害多，蝌蚪成活率较低。

（四）幼蟾池

幼蟾池用于养殖由蝌蚪变态后 2 个月以内的幼蟾。幼蟾池可采用土池或水泥池。土池面积较大，底有稀泥，难以捕捞，是其缺陷，但造价低，虽使用效果不及水泥池，但仍有可取之处。完全变态后，蝌蚪转变成幼蟾，移入幼蟾池饲养。幼蟾蜍个体小，活动量小，所以池面积不需太大，以免在选择大小和转移等操作方面造成管理困难。一般 20～30 米^2 大小，池深 60～80 厘米，为便于给饵等管理，幼蟾池宜采用长方形。池壁坡度 1:(2.5～3)，池底放 10 厘米厚的沙，池中种养水草。每平方米水面可放养 30～100 只幼蟾，生产中视幼蟾发育情形，随时调整，做到分群饲养，以免发生以强凌弱的现象，而影响大蟾蜍发育。幼蟾吃活饵，在池中应设陆岛或饵料台，其上种一些遮阳植物或搭棚遮阳，供幼蟾索饵、休息。池中陆岛上还可架设黑光灯诱虫，以增加饵料来源（见图 2-3）。幼蟾池周围还应设置高 1 米左右的御障，以防蟾蜍逃逸。池与陆地面积比为 1:1，陆地活动场所种植草坪，供幼蟾索饵、休息、活动。此外，每个幼蟾池都要设置灌水、排水管，以便控制水位。

（五）成蟾池

成蟾池是蟾蜍养殖场的主要部分，其大小、排灌水、适宜生态环境的创造等可与幼蟾池相仿。但成蟾个体大，又具有喜静、喜潮、喜暗、喜暖等习性，在建池面积、陆地活动场所上可较大些。为防止蟾蜍间以强欺弱，相互残伤，影响发育的整齐度，规模较大的蟾蜍养殖场商品蟾池数目也要依实际需要而定，根据需要可多建几个成蟾池，将不同大小、不同用途的成蟾分池饲养，如将商品成蟾、刮浆蟾和种用成蟾分池饲养。

成蟾池长方形或方形均可，单池面积一般为 20～50 米^2，池深 0.7～1 米，池底坡度 1:2，水深 30～50 厘米，池底铺 10 厘米厚的沙，池内种养水草。每平方米水面养蟾蜍 10～30 只，水面与陆地面积比 1:(3～5)，陆地上要种树和草坪，搭遮阳棚并建多孔洞的假山以供蟾蜍栖息，安装诱虫灯招引昆虫。为强迫成蟾索饵起见，可取消陆岛，以饵料台代替。成蟾池四周要设立防止蟾蜍逃逸的御障，其高度为 1.5 米左右。

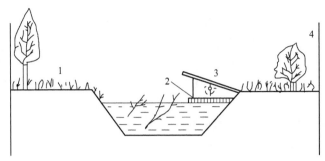

(a) 梯形式

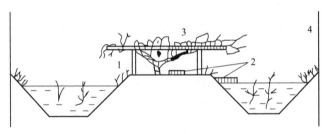

(b) 中岛式

图 2-3 幼蟾池
1—陆地；2—饵料台；3—遮阳篷；4—围墙

　　为促进刮浆后的蟾蜍迅速恢复体质，刮浆蟾池水体宜浅，面积宜小。一般刮浆蟾池水深 15～20 厘米，水面面积 15～20 米² 较为适宜。

『专家提示』

　　以上介绍了规模化中华大蟾蜍养殖场各类养殖池建筑的基本要求。对规模较小的中华大蟾蜍养殖场可以一池多用，如幼蟾池、成蟾池和种蟾池可以互相代用。但是为避免中华大蟾蜍自相残食，要将不同大小的中华大蟾蜍分池饲养。对于规模较小，或是庭院少量养殖中华大蟾蜍，也可以只建一个成蟾池，让中华大蟾蜍在其中自然地生长和繁殖。

四、中华大蟾蜍养殖池的消毒处理

种质、营养、环境是决定中华大蟾蜍养殖成败的三大要素，所有技术管理措施都围绕该三个环节进行。养殖池是中华大蟾蜍栖息的场所，也是病原体滋生的场所。养殖池环境是否清洁，直接影响到中华大蟾蜍的健康。无论是蝌蚪、幼蟾、成蟾，在放入养殖池之前，均要对养殖池进行消毒处理。

（一）水泥池的处理

老的水泥池不能出现破损、漏水现象，使用前需用药物进行消毒处理后方可用于蟾蜍的放养。新建水泥池不能直接用于中华大蟾蜍的养殖，这是因为新建造的水泥池含有大量的水泥碱会渗出碱水，使 pH 增加（碱度增加）；而且新建水泥池的表面对氧有强烈的吸收作用，使水中溶氧量迅速下降。这一过程会持续较长时间，会使池水不适于中华大蟾蜍的生长。所以，凡是用水泥制品新建的养殖池，都不能直接注水放养中华大蟾蜍，必须经过脱碱处理后经试水确认对中华大蟾蜍安全后方可使用。否则，会使中华大蟾蜍受害，导致死亡。目前水泥池常用的脱碱方法有以下几种。

1. 过磷酸钙法

对新建水泥池内注满水后，按每 1000 千克水 1 千克的比例加入过磷酸钙，浸 1~2 天，即可脱碱。

2. 酸性磷酸钠法

新建水泥池内注满水后，每 1000 千克水中加入 20 克酸性磷酸钠，浸泡 1~2 天，更换新水后即可投放种苗。

3. 冰醋酸法

新建水泥池，可用冰醋酸予以中和。将新建水泥池注满水后，用 10% 的冰醋酸洗刷水泥池表面，然后注满水浸泡 1 周左右，可使水泥池碱性消除。

4. 水浸法

将新建水泥池内注满水，浸泡 1~2 周，其间每 2 天换一次新水，使水泥池中的碱性降到适于中华大蟾蜍生活的水平。

5. 漂白粉法

在新建水泥池中注入少量水，用毛刷洗刷全池各处，再用清水洗干净后，注入新水，用 10 毫克/升漂白粉溶液泼洒全池，浸泡 5～7 天。

6. 薯类法

小面积的水泥池急需使用而又无脱碱的药物，可用甘薯（地瓜）、土豆（马铃薯）等薯类擦池壁，使淀粉浆黏在池壁表面，然后注入新水浸泡 1 天便可起到脱碱作用。

经脱碱处理后的水泥池，是否适于饲养中华大蟾蜍，可通过 pH 试纸测试 pH，以了解水泥池的脱碱程度，水的 pH 值为 6.0～8.2 时为宜。水泥池在使用前必须洗净，然后注水，在池内先放入几尾蝌蚪或大蟾蜍，一天后，确无不良反应，方可正式投入使用。

（二）土池的处理

新开挖的池塘要平整池底，清整池埂，使池底和池壁有良好的保水性能，减少池水的渗漏。池塘使用过程中，很容易导致各种害虫、野鱼等进入，引起各种敌害大量繁殖。同时，池底沉淀的残饵、杂物及大量污泥会促使病原菌繁殖、生长。特别是在夏季水温较高，池塘内的腐殖质急速分解消耗大量的氧气，使池水缺氧，并产生很多有害气体（如二氧化碳、硫化氢、甲烷），这些因素严重影响中华大蟾蜍的正常生长发育和繁殖。另外，使用后的旧池塘，难免发生塘坎坍塌损坏、进出水孔阻塞等情况，易导致中华大蟾蜍从坍塌缺口逃逸。所以，旧池塘的检查、修整、清除淤泥、晒塘和消毒是土池养蟾不可缺少的重要一环，须高度重视。

1. 清塘、加固塘基

在冬季，先放干塘水，挖出池底过多的淤泥，堆在塘坎坡脚，让烈日曝晒 20 天左右，使塘底干涸龟裂，促使腐殖质分解，杀死有害生物和部分病原菌，经风化日晒，改良土质。同时要加固整修塘基，预防渗漏。

2. 消毒的方法

池塘经过 20 天以上的曝晒并清除淤泥后，接着进行消毒，常用生石灰消毒、茶枯消毒、漂白粉消毒等。

（1）生石灰消毒

生石灰和水作用后，生成氢氧化钙，具有强碱性，除能杀死钻在淤泥中的乌鱼、黄鳝、蛙卵、蝌蚪、水生昆虫、蚂蟥、青苔等敌害生物，以及池水中或泥土中的寄生虫、致病菌外，生石灰还能和有机质中和生成有效的中性肥料，使腐殖质由有害变为有利。生石灰常用于蝌蚪池、养殖场场地的消毒、清池，用后1周可以投放蝌蚪或成蟾。生石灰消毒有干法和带水消毒两种方法。

① 干法消毒。选择晴天，排干池水，将池塘暴晒4～5天后进行消毒。现在池底挖几个小坑，再在小坑内放入生石灰，用量为每平方米100克左右，将生石灰用少量水溶化并搅匀，用水瓢将石灰浆均匀泼洒全池，然后用铁耙将石灰浆耙匀，使石灰浆与塘泥混合，然后再经7～10天暴晒后，经试水确认无毒后，即可投放种苗。

② 带水消毒。每666.7米^{2}水深0.6米时，用生石灰50千克加水溶化搅匀后，均匀泼洒全池，10天左右毒性消失。

（2）漂白粉消毒

漂白粉为灰白色粉末，有氯臭味，微溶于水，呈浑浊状，本品中含有25％左右的有效氯，在水中能生成有杀菌能力的次氯酸和次氯酸根离子，对细菌、病毒、真菌均有杀灭作用，并杀死害鱼和部分中华大蟾蜍寄生虫。漂白粉消毒方法简便，效果较好。但漂白粉稳定性差，受潮、日光均可使其迅速分解，使用前最好进行有效成分测定。漂白粉消毒有干法和带水消毒两种方法。

① 干法消毒。将池内放约10厘米深的水，按每平方米加15克漂白粉计算，用少量水将漂白粉搅匀，均匀泼洒入池，并用池内漂白粉水泼洒池壁。3～4天后毒性消失。

② 带水消毒。将池内放约1米深的水，按每立方米池水加10克漂白粉计算，用少量水将漂白粉溶解，搅匀，均匀泼洒全池。5天左右毒性消失。

漂白粉消毒与生石灰消毒效果相同，但漂白粉用量小，药效消失快，对运输不便的地方或急于使用池塘时，采用此法较好。

（3）茶枯消毒

茶枯就是茶饼，是山茶科植物油茶等果实榨油后留下的渣饼，来源很广，是南方许多地区常用的十分有效的清塘药物。用法用量是在平均水深0.5米的情况下，每666.7米^{2}水面用茶枯20～25千克。消毒时，先将其打碎成粉末，加适量水均匀撒布全池即可。6～7天后药力消失。须指出的是：茶枯还能杀死蟾蜍卵，不宜用于产卵池消毒。

用上述药物毒塘，待毒力全部消失后，方可放养中华大蟾蜍。毒力是否消失，除了根据前面介绍的毒力有效时间外，亦可试水确认。试水的方法是，在消毒后的池子内放一只小网箱或箩筐，先用几条蝌蚪或成蟾放存试养。也可将蝌蚪或成蟾直接放在池中试养，观察有否不良反应。如果在 24 小时内生活完全正常，即可大批放养。如果 24 小时内仍然有试水的蝌蚪或成蟾死亡，则说明毒性还没有完全消失，这时可以再次换水，1～2 天后再试水。

五、越冬场所

中华大蟾蜍多数是水下越冬，可建深为 2.5～3 米的大型水池（越冬池）。越冬池可由养殖池直接加深或垫高周围池壁而成。池底铺设 0.5 米厚的泥沙、稻草等混合物，池水深 2 米以上。进水孔设置在池壁四周泥沙表面的高度，而在水表面高度的池壁上设置溢水孔。进水孔或进水孔设置耐腐蚀的细目滤网，防止敌害和杂物进出堵塞管道。同时要在较高的位置上建造较大的贮水池以及封闭的通水管道，以便加压供水。越冬期间控制进水及溢水流速，以缓流为好，这样既可防止冻结，又可增加氧气溶量，以免影响中华大蟾蜍冬眠。所用的水最好是温泉水，也可是深井水，其水温高于地上水，利于保温冬眠。有条件的可在池上加盖塑料大棚，增加保温性能，提高冬眠成活率。

六、御障的建筑

建设中华大蟾蜍养殖场，不仅场区四周应设围墙以防中华大蟾蜍逃逸和天敌入侵，而且幼蟾池、成蟾池和种蟾池的周围也应设隔离御障，以做到真正分池饲养，避免其自相残食。建筑御障可根据需要选择砖、石棉瓦、塑料板（瓦）、塑料网等。实践中，无论采用何种材料建筑御障，均须开适当大小的门，以便人出入投喂和巡视。

（一）养殖场围墙

中华大蟾蜍养殖场围墙内侧要光滑，墙高不低于 1.5 米，墙向场内倾斜，不大于 70°角，墙头向场内水平延伸不少于 15 厘米，建成"厂"形结构，墙壁不能有任何大小的洞，因为只要中华大蟾蜍头能通过，其身体便能通过。中华大蟾蜍还具有一定的挖掘能力，所以墙基要加深50厘米，墙与地面接触处内侧，用水泥铺抹50厘米宽，防止中华大蟾蜍掘洞。建墙的材料可用砖石，也可用木板、竹板、水泥空心板、塑料瓦、石棉瓦等，无论使用哪种材料，墙的内面均要光滑、无洞。围墙要根据需要设置门、窗，门要能关得严，窗口应钉以铁丝网或塑料窗纱，以防中华大蟾蜍逃逸。砖围墙坚固耐用，保护性能好，但费用较高。养殖场围墙外适当种植丝瓜、葡萄等作物，为夏季中华大蟾蜍生长提供较好的生活条件。

（二）场内养殖池御障

场内养殖池御障，一般高1米左右。蝌蚪池的御障，其建筑要求可低些，因其只在蝌蚪开始变态后短期起作用，变态成幼蟾后应尽快转移至幼蟾池，其间幼蟾的跳、钻能力尚不发达。从养殖池御障到池边之间应相距1～3米，既可供大蟾蜍栖息，又可繁殖杂草和栽种花卉，以引诱昆虫类，供中华大蟾蜍捕食。建设养殖池御障材料可因地制宜地选择木板、石棉瓦、塑料网等。

七、水田（稻田）与大田放养场所改造与利用

（一）水田（稻田）的改造利用

稻田的改造利用需要建造围墙，设置陆地活动场所，清理稻田中的杂物及有害动物。为了不影响稻田的管理，如放水、灌水等，要根据稻田的大小、养殖中华大蟾蜍的数量等用隔离网对稻田进行分区。并在稻田旁边还要设置无稻区，在里面种养水生植物，以便稻田管理时供蝌蚪或成蟾栖息。无稻区的大小、数目，根据养殖情况来确定。另外，稻田养殖中华大蟾蜍时，一般严禁使用农药及大剂量化学肥料，以免毒杀蝌蚪或中华大蟾蜍；必须使用时，就将蝌蚪或中华大蟾蜍驱至无稻区，待药物毒性完全消失后方可放回原地饲养。

（二）大田放养场所

适合放养刮浆蟾蜍的大田有棉田、菜园等，这些环境中虫子较

多，既保证刮浆蟾蜍饵料的供给，又起到生物防治虫害的作用，可谓一举两得。大田放养需要圈设围墙或防护网，高度1米以上，网眼大小以中华大蟾蜍不能钻出为宜。围墙或防护网外围可种树木或高大的农作物，墙内空地上挖设水坑或在浇地的垄沟内注满水，保持大田的潮湿环境，满足中华大蟾蜍的生活习性。大田放养中华大蟾蜍，一般不需喷药治虫，施肥也要施有机肥，防止伤害中华大蟾蜍。

第三讲

中华大蟾蜍的引种

一、种蟾的来源

（一）购入种蟾

　　中华大蟾蜍的活动具有明显的季节性。中华大蟾蜍一般自 11 月上旬入眠，至翌年 2 月下旬出蛰。据观察，在湘西地区的大蟾蜍在 2 月上旬出蛰交配产卵后，还要入水再休眠。

　　冬眠期的中华大蟾蜍对外界环境温度的变化和疾病的抵抗力都较低，强行挖出冬眠的蟾蜍，会影响其正常的代谢，易生病。且冬眠期间气温较低，气候变化较大，会加重购回后管理的负担。所以，一般不在冬眠期间购入。

　　每年的初春，中华大蟾蜍刚渡过了冬眠期，代谢水平较低，并已开始活动时进行，无论是购入幼蟾还是成蟾均便于运输和管理。早春引进的越冬幼蟾养至次年即可繁殖产卵。如果喂活饵，随着季节的变暖，昆虫数量逐渐增加利于饵料补充，也可以在自然条件下培育活饵料作为幼蟾的饵料。如果投喂人工配合饵料，气候稳定后即可开始食性驯化。如果购入的是经过食性驯化的性成熟的成蟾，只要在购入前准备好养殖场所和饵料，短期内即可繁殖生产。在春季引种成蟾，应选择腹中有卵块的，当年即可上市幼蟾和药用成蟾，如作为刮浆蟾蜍，第二年即可刮浆。

5～10月份中华大蟾蜍的活动力强，新陈代谢旺盛；特别是7～8月份气候炎热干燥，不便运输，容易造成中华大蟾蜍的碰伤、创伤、运输所致的胃肠炎、红腿病等而死亡。另外，夏季的种蟾，多数已产过卵，养到翌年才能繁殖，生产周期较长。因此，夏季一般不适宜引种。

秋末冬初，是中华大蟾蜍种群数量最大的季节。加之秋季气温适宜，运输易于成功。此期引进的幼蟾价廉，但需加强越冬前的饲喂管理，才能平安越冬。引进成年种蟾，最好在秋季，这时引进的成蟾略加培育即可安全越冬，翌年春末夏初即可产卵。

（二）捕捉野生中华大蟾蜍

捕捉野生中华大蟾蜍，可在冬眠即将结束或出蛰后一直到秋季进行。冬季，中华大蟾蜍多群集于池塘、沟渠等水底泥沙中冬眠，在早春接近出蛰时慢慢向上活动，此时可用小型拖网在水底捕捞。在春天至秋天中华大蟾蜍活动频繁时捕捉，可于夜间、清晨或雨后中华大蟾蜍出来活动时，在浅水的池塘、沟渠边进行捕捉，也可在白天于中华大蟾蜍栖息的草丛、孔穴中寻找捕捉。捕捉时应选择个体大、体质健壮、无伤残、性征明显的个体留种用，不能种用的可整体入药或饲养用作刮浆。

（三）捞卵块

在每年春季中华大蟾蜍的产卵期，采集卵块发展大蟾蜍养殖是目前养蟾者普遍采用的方法。捞取野生蟾蜍的卵块为种源，较为经济，但增加管理负担。

1. 地点

在春末夏初，中华大蟾蜍的产卵繁殖季节早期，到稻田、池塘、水沟等有机质丰富的浅水水域等中华大蟾蜍的产卵场所（见表3-1）寻找，捞取中华大蟾蜍早期所产的卵块。此时的卵在正常环境条件下，3～5天即可孵出蝌蚪（如气温较低，需要时间长一些），蝌蚪经60天左右可变态为幼蟾，幼蟾经 16 个月左右达到性成熟。

表 3-1　我国常见蛙蟾的产卵场所、产卵类型和一次产卵数

种类	产卵场所	产卵类型、卵群形态、一次产卵数（粒）
中华大蟾蜍	沼泽、山地、水坑、水沟、水田及池塘冬浸田	一次产卵型；长带状；2725～9658 粒/次
华西大蟾蜍	小溪流水内	一次产卵型；长带状，卵在带内排成双行
黑眶蟾蜍	房前屋后、池塘、废粪水池、水田、水沟	一次产卵型；长带状；4324～9951 粒/次
花背蟾蜍	水深 5～35 厘米静水及溪流边水流较缓处	刚产出时呈单列，吸水后为 1 或 2 或 3 列；3000 粒/次
棘胸蛙	山溪回水或缓流处	多次产卵型；片状，串状，单层排列；122～236 粒/次
棘腹蛙	山间溪流平缓处	多次产卵型；片状，团块状；每次 300 粒左右
中国林蛙	10～15 厘米水深的池中、水塘、水溪、水沟	一次产卵型；单层片状黏于附着物上；800～22580 粒/次
虎纹蛙	水库、田间、水沟等	多次产卵型；片状浮于水面；580～2620 粒/次
黑斑蛙	水库、田间、水沟、水池、湖边、小河边等水域	一次产卵型；堆块装；1755～4863 粒/次
金线蛙	水库、田间、水沟、小河	多次产卵型；1048 粒/次
沼蛙	水库、田间、水沟、废粪水池	多次产卵型；片状浮于水面；2871～4090 粒/次
泽蛙	各种水沟、沼泽、水田雨后积水区	多次产卵型；片状浮于水面后散落水底；551～1530 粒/次

2. 时间

在中华大蟾蜍产卵期，每天 5～10 时捞取卵块，最好在大蟾蜍排卵后 4 小时之内采集，此时蟾卵刚产出不久，卵重量轻，弹性大，容易运输。如果卵块排出时间越长，卵粒胶膜相互黏结越松散，在采集运送过程中容易分散，放入孵化池后易沉入水底，孵化率较低。

3. 注意鉴别

捞卵块时要注意鉴别中华大蟾蜍卵与其他两栖动物的卵：青蛙的卵和中华大蟾蜍的卵，外面都包有厚的胶膜，单个时不易区分。但中华大蟾蜍的卵产出后，常由胶膜连成带状，带上的卵排成两行（花背蟾蜍产卵期略晚于中华大蟾蜍，带内卵排成三行或三行以上），通常缠绕在沉水植物上；青蛙的卵产出后连成片状或块状（见图 3-1）。

这种卵的不同连接方式，是由它们的不同产卵习性造成的。

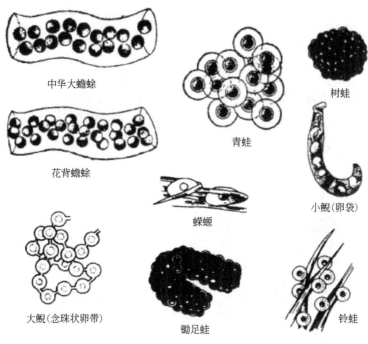

图 3-1 几种两栖类动物的卵块

（四）捞蝌蚪

中华大蟾蜍引种也可到稻田、池塘、水沟等场所捕捞蝌蚪。但应注意区分蟾蜍与青蟾蝌蚪：中华大蟾蜍蝌蚪较青蛙蝌蚪大许多，身体呈黑色，尾较短而色比身体稍浅，口在头部前端的腹面，上唇上方有两排角质齿，下排的中断不连接，下唇下方三排角质，口的外侧面有很多乳状突，喷水孔（鳃孔）位于头后的靠近腹的中央部。花背蟾蜍的蝌蚪头部形狭而高。青蛙的蝌蚪身体近似圆形，颜色较浅，尾巴较长，在未长出后肢时期，身体已发育的较大，口位在头部前端，下唇角的下方生有三排角质齿，其中上排齿不连接，乳状突从口侧一直延续到下唇角质齿外围，喷水孔在头后左侧。金线蛙的蝌蚪身体背腹面扁平，尾巴形高而尖，上唇上方只有一排角质齿，下唇的下方有两排角质齿（见图 3-2）。

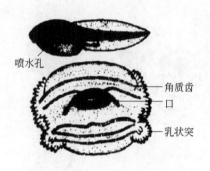

喷水孔

角质齿
口
乳状突

(a) 中华大蟾蜍的蝌蚪与它的头部前端　　(b) 花背蟾蜍的蝌蚪与它的头部前端

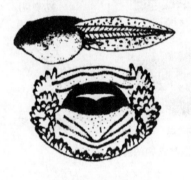

(c) 青蛙的蝌蚪与它的头部前端　　(d) 金线蛙的蝌蚪与它的头部前端

图 3-2　几种蛙蟾的蝌蚪及其头部前端

蝌蚪有群居性、活动缓慢，比鱼苗更易于捕捞。捕捞工具可选
用鱼苗网、网抄或塑料窗纱网。

『专家提示』

中华大蟾蜍的蝌蚪身体细小，适应性差，特别是处在变
态期蝌蚪，蝌蚪会因环境不适而造成死亡，一般养殖引种最
好不引进变态期的蝌蚪。如引种必须运输时，要保证容器内
壁光滑，透气，水温恒定，炎热的夏季最好在晚上运输。

二、中华大蟾蜍与其他常见蛙蟾的鉴别

（一）青蛙与蟾蜍的区别

青蛙和蟾蜍是两栖纲无尾目中两类不同的动物，是我国到处可见到的两栖动物，从它们的外表上看起来，谁都能区别，但要鉴别它们，必须要找到它们的一些特征，才能区别它们。

1. 外形

青蛙的身体较狭长而高，头呈三角形，吻端成锐角；后肢发达而长，且后肢的各趾很长，在趾间连有发达的蹼。当青蛙爬上陆地时，用前肢支撑身体，像犬坐的姿势。蟾蜍的身体则略呈扁椭圆形，头部前缘呈钝角形，四肢均较短，后肢则较青蛙短很多，趾短，趾间蹼不发达，在地面上爬行时很平稳，既不善于跳跃，又不善于游泳。

青蛙和蟾蜍的肩带类型见图3-3。常见青蛙与蟾蜍见图3-4。

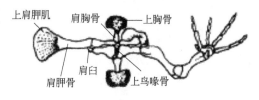

(a) 固胸型(蛙)

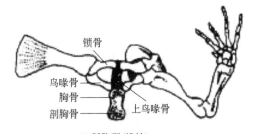

(b) 弧胸型(蟾蜍)

图 3-3　青蛙和蟾蜍的肩带类型

2. 内部结构

青蛙和蟾蜍的内部结构差别很大，归纳起来主要区别见表3-2。

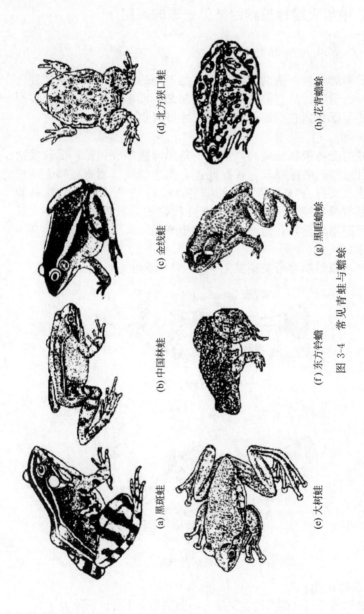

(a) 黑斑蛙　(b) 中国林蛙　(c) 金线蛙　(d) 北方狭口蛙

(e) 大树蛙　(f) 东方铃蟾　(g) 黑眶蟾蜍　(h) 花背蟾蜍

图 3-4　常见青蛙与蟾蜍

表 3-2　青蛙和蟾蜍的内部结构差异

区别点	青蛙	蟾蜍
齿	上颌有齿下颌无齿	上下颌均无齿
声囊	多数雄蛙有外声囊或内声囊	有内声囊或无
耳后腺	无	有,能分泌毒液
肩带(图 3-3)	固胸型	弧胸型
舌	舌尖分叉	舌尖不分叉
躯干椎	除最后一枚为双凹型外,其余都是前凹型或后凹型	都是前凹型
荐椎	椎体为双凸型	椎体为双凹型
胸骨	具肩胸骨和上胸骨及胸骨、剑胸骨	无肩胸骨和上胸骨,具胸骨、剑胸骨

(二) 常见青蛙与蟾蜍的鉴别

1. 常见青蛙的鉴别特征

(1) 黑斑蛙

又名青蛙、三道眉、田鸡、黑斑侧褶蛙。黑斑蛙是我国最习见的蛙类之一,体形较大,背绿色后端棕色,有许多黑斑;背侧褶较宽,背侧褶间有 4~6 行短肤褶。雄性有一对颈侧的外声囊。

(2) 金线蛙

又名青蛙、金线侧褶蛙。体形中等,头略扁,吻端圆。体背绿色,背侧褶及股后方有黄色纹;背侧褶较宽;内跖突极发达呈刃状,与第一趾游离缘形成一清楚的角度,其长度为第一趾长的2/3。雄性有一对咽侧内声囊。

(3) 中国林蛙

又名哈士蟆。体较宽短,体长 50 毫米左右,少有近 70 毫米者。头扁平,鼓膜处有三角形黑色斑;背侧褶不平直,在颞部形成曲折状。雄性有一对咽侧下内声囊。

(4) 北方狭口蛙

又名气鼓子。体形中等,鼓膜不显著,前肢细长,指端钝圆,无骨质疣突;后肢粗短,趾间半蹼(除第四趾外)。雄蛙仅胸部有皮肤腺,有单咽下外声囊。

（5）大树蛙

又名犁头蛙、青蛙将军等。体形大，体长在 100 毫米以上（最大者体长 120 毫米），扁平细长；趾间蹼发达，但不为全蹼，蹼缘缺刻较深；背面常有小刺粒。体背面呈绿色，一般背上散有少数不规则的黄棕色斑点，体侧下方有一行或点状乳白色斑点。

（6）东方铃蟾

又名臭蛤蟆、红肚皮蛤蟆。体形中等，较扁平；体背面布满大小不等的刺疣，无大瘰粒；腹面有橘红或橘黄色与黑色的小花斑。雄性胸部无刺团，有分散的刺疣。

2. 常见蟾蜍的鉴别

在我国蟾蜍资源较为丰富，自然分布的蟾蜍有 2 属、16 种（亚种），遍布全国各地（见表 3-3），较为常见的是中华大蟾蜍、黑眶蟾蜍和花背蟾蜍，其中最常见的种类是中华大蟾蜍，从此蟾蜍身上提取的蟾酥，质量最佳，具有很高的药用价值。

（1）中华大蟾蜍

中华大蟾蜍体形大，皮肤极粗糙，背面密布大小不等的圆形瘰粒，有耳后腺。头部无黑色骨质棱，腹面黑斑极显著。其蝌蚪的唇齿式一般为I：I～I/Ⅲ，体色黑，尾鳍色浅，尾末端较尖。除宁夏、新疆、西藏、云南、海南岛、广东、广西外，全国各地均有分布。

（2）花背蟾蜍

体形中等，生活时背面花斑明显，雄性色斑尤为鲜艳；雌性背面多为浅绿色（而雄性为橄榄黄色），上有明显的酱色花斑；雄性疣粒上有红点；腹面无大黑斑；第四指短，约为第三指的1/2（见图 3-5）；内蹠突小。雄蟾有单咽下内声囊。主要分布在黑龙江、吉林、辽宁、河北、山东、河南、山西、陕西、内蒙古、宁夏、甘肃、新疆、青海、江苏等地。

（3）黑眶蟾蜍

又称癞蛤蟆、蛤巴。体较大，鼓膜大而显著；头吻部至上眼睑内缘有黑色骨质棱，角质刺明显；耳后腺不紧接在眼后（见图3-6、图 3-7）。其蝌蚪唇齿式为I：I～I/Ⅲ，唇乳突仅在两口角处有之。雄蟾有单咽下内声囊（声囊壁紫黑色），可发出"呵，呵"的连续叫声。主要分布在四川、云南、贵州、浙江、江西、湖南、福建、台湾、广东、广西、海南等地。

表 3-3　我国蟾蜍名录及其地理分布

蟾蜍种类	广西	海南	广东	台湾	福建	湖南	江西	浙江	江苏	安徽	湖北	贵州	云南	四川	西藏	青海	新疆	甘肃	宁夏	内蒙古	陕西	山西	河南	山东	河北	辽宁	吉林	黑龙江
哀牢蟾蜍	○										○	○	○	○				○			○							
中华大蟾蜍	○		○	○	○	○	○	○	○	○		○	○	○		○		○	○	○	○	○	○	○	○	○	○	○
缅甸蟾蜍													○															
隐耳蟾蜍	○																											
隆枕蟾蜍													○		○													
头盔蟾蜍		○											○															
喜山蟾蜍														○	○													
黑眶蟾蜍	○	○	○	○	○	○	○	○				○																
花背蟾蜍									○	○						○	?	○	○	○	○	○	○	○	○	○	○	○
史氏蟾蜍																										○		
西藏蟾蜍													○	○	○	○												
圆疣蟾蜍													○	○	○													
绿蟾蜍																	○											
鳞皮厚蹼蟾		○																										

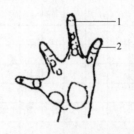

图 3-5　花背蟾蜍手腹面观
1—第三指；2—第四指

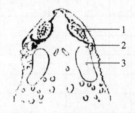

图 3-6　黑眶蟾蜍头部
1—眼；2—鼓膜；3—耳后腺

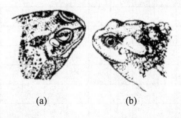

(a)　　　　(b)

图 3-7　黑眶蟾蜍（a）与中华大蟾蜍（b）头部比较

3. 中华大蟾蜍三个亚种的鉴别

（1）指名亚种

成蟾背面瘰粒多而密，一般无跗褶。腹面及体侧一般无土红色斑纹。蝌蚪的唇齿式一般为Ⅰ：Ⅰ～Ⅰ/Ⅲ，体色黑，尾鳍色浅，尾末端较尖。

（2）华西亚种

成蟾背面瘰粒少而稀疏；一般有跗褶；腹面及体侧一般有土红

色斑纹。蝌蚪的唇齿式一般为Ⅱ/Ⅲ，尾鳍色黑，尾末端圆。

（3）岷山亚种

吻棱隆肿成一长疣，头顶有大疣粒，可以与其他两亚种区别；胫部有一显著大瘰粒。

中华大蟾蜍三亚种可用检索表进行鉴别。

中华大蟾蜍三亚种检索表

1. 上眼睑内侧有球状疣，吻棱上有长疣 …… 中华大蟾蜍岷山亚种

    上眼睑内侧及吻棱上无显著的疣 …………………………………… 2

2. 一般无跗褶，成体瘰粒多而密；腹面及体侧一般无土红色斑纹；蝌蚪唇齿式Ⅰ∶Ⅰ～Ⅰ/Ⅲ，体色黑，尾鳍色浅，尾末端较尖……
    ……………………………………… 中华大蟾蜍指名亚种

    一般有跗褶，成体瘰粒少而稀疏；腹面及体侧一般有土红色斑纹；蝌蚪唇齿式Ⅱ/Ⅲ，尾鳍色黑，尾末端圆…… 中华大蟾蜍华西亚种

三、中华大蟾蜍的雌雄鉴别

一般来说，蟾蜍两性之间在体形大小、体棘、婚刺、声囊、婚垫、指的长度、蹼的发育程度、体色、雄性线等有较显著的差异。这些差异只有在繁殖期才出现，而在非繁殖期又消失；有些差异性成熟后就终生保持。

（一）体形差异

一般来说，中华大蟾蜍的雌性个体要比雄性个体体长大一些，体重略大一些。据报道，在繁殖期，雌体长平均为97.12毫米，雄体长平均为90.85毫米。

（二）婚垫

婚垫是中华大蟾蜍在达到性成熟后于繁殖期在内侧三指基部形成的局部隆起，婚垫上富有黏液腺，用于加固抱对用。

（三）体色

中华大蟾蜍在产卵季节及其前后，雄性背面多为黑绿色，有时体侧有浅色的花斑；雌性背面颜色较浅，瘰粒部深乳黄色，体侧有黑色与浅色相间的花斑。

四、种蟾的选择标准

种蟾质量的优劣不仅直接影响着人工繁殖的产卵率、受精率、孵化率，也会对蝌蚪及幼蟾的生长、乃至蟾酥产量产生影响。要确保种蟾质量优良，必须做好种蟾选择。种蟾选择的工作，宜在每年春天蟾蜍结束冬眠时进行；也可在前一年晚秋，中华大蟾蜍冬眠前选择好种蟾，然后单独饲养、强化培育。选择种蟾必须符合以下标准。

（一）个体特征

一般来说，中华大蟾蜍个体越大，生殖力越强，产生精子、卵细胞的质量越好，受精率和孵化率也越高；个体越小，则生殖力、精卵细胞的质量、受精率及孵化率较差。作为种用蟾蜍要具备本种体形特征，个体要大，体质要健壮，体色鲜艳、有光泽，第二性征明显，而且无病无伤。雄蟾前肢要有明显的婚垫，抱对能力强，与配雌蟾的卵的受精率高。雌蟾要体形丰满，腹部膨大、柔软，卵巢轮廓可见，富有弹性，具有产卵量与卵孵化率高的特征。凡躯体及四肢被刺伤、留有伤口或洞孔的，四肢发红，行动迟钝，皮肤无光泽、发黑或腐烂的均不宜作为种蟾。

（二）年龄

生产中，一般宜选择 2～5 龄的青壮年中华大蟾蜍作种用，该年龄阶段的蟾蜍产生精子、卵细胞的数量多，质量好。而且，在这个年龄范围内，随年龄的增加产生精子、卵细胞的数量也有所增加，卵的受精率也高。没有达到性成熟年龄（小于 2 龄）或虽然性成熟但个体太小的中华大蟾蜍，往往生殖能力差，产卵量小。个体虽然大，但年龄在 5 龄以上的老年蟾蜍，所产卵的受精率和孵化率等孵化成绩不及壮年蟾蜍。这两类中华大蟾蜍均不宜选为种蟾。

（三）血缘关系

选择血缘关系过近（如同胞、亲子等）的雌、雄种蟾配对，不仅受精率、孵化率低，而且孵化出的蝌蚪畸形较多、成活率低，蝌蚪及蟾蜍的生长也不好。

（四）成熟度

如有条件，最好从同一批后备种蟾中挑选生长状态和体形一致的个体作种蟾。或从不同年龄的群体中选出种蟾后分池饲养。这样可使种蟾成熟度尽量一致，产卵时间集中，便于孵化和蝌蚪培育的管理。

（五）雌雄性别比例

在选择种蟾时应注意雌雄性别比例，雌体过多或雄体少，会使受精率降低。在大蟾蜍繁殖期可能出现多个雌蟾集中发情，如果雄蟾较少，会出现短时间内不能与多个雌蟾抱对，即使抱对，由于间隔时间短，雄蟾不能产生足够的精子使卵细胞完全受精，从而降低受精率。一般认为雌雄比宜在（1～2）：1之间，也有人认为可达到3：1。

需说明的是：如果是从外地引种，除按上述标准选择，引进性成熟的种蟾外，也可引进大量蝌蚪和幼蟾，待1～2年后蝌蚪或幼蟾长成后，再从中选择种蟾，落选者作为商品蟾蜍。这样虽然繁殖的速度慢一点，但引种上花费的投资少，并且在饲养蝌蚪和幼蟾的过程中，还可积累起一定的经验。

五、种蟾的运输

（一）蟾卵的运输

中华大蟾蜍的卵子与精子结合而成为受精卵，也称"蟾子"。捞取的蟾卵一般只宜在短时、短程内运输，运输时注意采用清洁水源、不使水温过高（一般控制在15～18℃）、减少震动等。短距离运输可用干净的盆、水桶盛装，桶内可以不装水，只装卵块，但是必须尽快送到孵化池。时间过长，卵块相互粘连严重，会影响胚胎发育，降低孵化率。运输距离较远，盛装卵的工具要大一些。为减少卵块粘连、保持卵块完整，有利于卵的发育，应加水装运（加水量应当是卵团体积的3倍以上）。在运输途中，既要考虑保持适宜水温，使蟾卵不致热死，又要考虑水的溶氧量，使蟾卵不致憋死。

『专家提示』

运输前，必须先用显微镜检查蟾卵的受精情况和卵细胞分裂情况。如果卵粒受精率较低或受精率虽高但卵细胞已分裂成囊胚期、甚至原肠胚期则不宜运输。一般蟾卵受精率高，卵细胞刚刚分裂成几个细胞时最好运输。

（二）蝌蚪的运输

蝌蚪的运输是蝌蚪培育生产中一项经常而又重要的工作，尤其是长途运输，对蝌蚪的成活率影响较大。

1. 运输前的工作

培育池中的蝌蚪平时习惯于在水面宽广、溶氧量高的环境中生活，如将蝌蚪立即装运，蝌蚪会因不适应密集的运输环境而大量死亡。因此，装运前要在不投喂、高密度的养殖池中锻炼1～2天以上，停止喂食，让蝌蚪体表的黏液和粪便排泄干净，增强蝌蚪的适应能力后，才起捞装运。运载用水最好是原来养殖的池水或河水，且要多装载几桶，随车备用。

2. 装运方法

蝌蚪的运输应根据起运蝌蚪的规格和数量、距离的远近、交通条件、运输费用及确保较高的成活率等因素，确定装运用具、包装方法和运输方法。

（1）用桶装运

运输桶多采用木质、铝、白铁、塑料等制成，一般制成直径30厘米左右、高30～40厘米的圆桶，适宜于短途用人力肩挑运输以及汽车、拖拉机、船等进行短途运输。装水量一般为桶容积的1/3～2/5。装运密度，装运量为每千克水放1～1.5厘米长的蝌蚪约100尾、2～3厘米长的蝌蚪50～60尾、4～5厘米长的蝌蚪25～30尾。蝌蚪装好后用聚乙烯网布扎住桶口。运输时，车、船行驶应平稳，切忌剧烈颠簸。如溅出水过多（少于容器的1/3容积），应及时补加水。运输途中每隔5～6小时换一次水，及时捞去伤亡的蝌蚪，保持适宜的水温。

（2）用塑料壶装运

　　塑料壶一般选用容积为 25 升的，具有不易破裂、便于搬运、节省人力、运输中蝌蚪不会随水溅出、使用寿命长等优点，且适用于各种车辆、船只、飞机等载运；但塑料壶加密封盖，若运输时间太长，水质易变坏。塑料壶适于车、船运输蝌蚪。运输前，先用清水将塑料壶洗净，检查有无漏水现象。然后先装清水至壶的 1/3 处，在壶口处放一大型漏斗，将蝌蚪带水从漏斗装入。然后加水至壶的 2/3 处。最后将壶口用聚乙烯纱网封口，以防蝌蚪随水荡出。运输过程中要每 4～5 小时换一次水。换水水质必须符合要求，并要注意水温的控制。

　　（3）用塑料袋充氧装运

　　塑料袋较适宜的规格为 80 厘米×40 厘米，塑料袋上端设漏斗状口，用于装入水和放入蝌蚪；运输时塑料袋宜装在纸箱或木箱内，以免受损破裂。使用塑料袋运输时，首先应检查是否漏气、漏水，然后带水加入蝌蚪。装运的适宜密度按袋内盛水占总袋容量的 1/3～1/2 计算。充氧前先将袋内空气挤出，然后立即充进压缩纯氧气。充氧以袋稍膨胀而松软为度，不能充得胀紧，以免因温度升高和剧烈振荡时胀破塑料袋。充氧结束时将袋口扎紧，用线绳严密封口，不能漏水漏气。长途运输时要经常检查有无漏水或漏气的地方，发现漏洞可在重新补水和充氧气后，用线绳捆扎或胶布粘贴。若能在 20 小时内到达目的地，途中可不换水充氧。

　　3. 运输蝌蚪的注意事项

　　（1）蝌蚪适宜运输的日龄

　　蝌蚪的运输最好选择 20～45 日龄的中型蝌蚪。蝌蚪太小，则生命力较弱；50 日龄后的大蝌蚪因长出前肢，鳃孔逐渐闭合，肺呼吸机制尚没有启用，运输中易因缺氧而死亡。在蝌蚪的捕捞和运输中应小心操作，不要使蝌蚪体表出现外伤；否则会诱发某些疾病。运输应选择健壮和抗病力强的蝌蚪作长途运输。要求同一桶内的蝌蚪规格基本一致。

　　（2）装运密度

　　转运密度与装运工具、水温、运输距离远近及时间长短、个体大小等有很大关系。装运密度过小，则运输效率较低。但装运密度越大，耗氧量越大，水质污染越快，运输成活率相应降低。

　　（3）控制水温

一般适宜的运输温度为 15～25℃。运输过程中切忌水温剧变，否则会引起蝌蚪死亡，换水时温差不宜超过 2℃。夏季天气炎热，宜选择阴雨天气和夜间运输，避开高温时段。同时要求有遮阳设备，避免阳光直接照射。气温高于 30℃ 或低于 8℃时，一般不宜作长途运输。

（4）水质清新

运输蝌蚪常采用清新的江、河、湖、泊、无毒井水。如果用自来水应注意除掉水中余氯。水中溶氧量不得低于 4 毫克/升。装运密度不宜过大、运输时间和距离不宜过长，否则应注意及时换水或施用速效增氧剂，也可加进压缩纯氧气后密封包装工具。

（5）仔细观察

运输时，要经常观察蝌蚪的活动情况，发现蝌蚪浮在水面而不肯下沉时，说明溶氧不足，应立即换水或充氧，捞出死亡和残弱蝌蚪。

（三）幼蟾与成蟾的运输

幼蟾和种蟾的运输方法和技术基本相同。

（1）运输工具

变态后的中华大蟾蜍用肺呼吸，不能像蝌蚪那样浸泡在水中运输，可使用能保湿、透气、防逃包装用具，如木或铁或塑料制成的桶、帆布袋、木箱、铁皮箱及内衬塑料薄膜的纸箱等。装载前，先将用具洗干净，侧面开通气孔，底部开几个排水洞；同时，在底部垫上一层水葫芦、水草或湿稻草等物，以增强保湿、降温和防震效果，确保安全运输。

（2）装箱

在运输装箱前，要停喂静养 2 天，洗净蟾蜍身上的污泥等物，然后再分级装箱运输。装运密度根据蟾蜍个体大小，以不拥挤为原则。一般每平方米面积装载 10 克左右的幼蟾 600 只，20～30 克的幼蟾 350 只。装运时，幼蟾可直接放入箱中。成蟾个体大、跳跃力量强，宜将装运用具内分隔成小室，填入湿水草或湿布，每小室内放入 3～4 只成蟾。最好把每只成蟾装入一小纱布袋内，浸湿纱布袋后放入各小室内。这样可避免蟾蜍互相拥挤、堆压致死，也可防止成蟾跳跃受伤，大大提高运输成活率。

（3）运输

运输工作应选择 10～28℃阴凉天气进行。夏季高温期宜在晚上或阴雨天运输。中华大蟾蜍耐饥饿能力较强，一般途中不要喂食。运输要尽量缩短运输时间，做到尽快运到、尽快下池。运输途中，要经常检查蟾蜍的生活状况，并定期淋水，拣出病死蟾，以保持箱内的清洁和蟾蜍皮肤的湿润。此外，还要避开阳光直射，防止强烈震动等。做好上述工作一般都能安全运输，提高成活率。在一般情况下，1～2 天运输期内，幼蟾运输的成活率可达 85％左右，种蟾运输的成活率可达 95％以上。

第四讲

中华大蟾蜍的营养需要与饵料

一、中华大蟾蜍的食性

中华大蟾蜍的食性与其他无尾两栖类一样,在其不同生长期具有不同的特点,如成蟾可说是肉食性动物,而且通常只取食活的小动物;但蝌蚪却是杂食性动物,即能食水生动物性食物,也能取食植物性食物。

(一) 蝌蚪期

中华大蟾蜍蝌蚪的食性与鱼苗相似。刚孵化的小蝌蚪以分解卵黄为主,鳃盖完成期之后开始可以摄取外界食物,在开始吃食物的头一周,主要是依靠吃卵胶膜来供给营养,当卵胶膜吃完之后,一般在4~6天后,开始摄食水中的浮游生物。小蝌蚪期以水中藻类为主食,到达大蝌蚪期以后则以浮游动物为主食。据分析中华大蟾蜍、黑斑蛙等蝌蚪的食物种类,其中主要的藻类植物分属于蓝藻门、绿藻门和矽藻门,共计21科、34属,50余种。浮游动物有草履虫、轮虫类、枝角类、桡足类、水生昆虫（如孑孓）、水丝蚓、水蚤、正颤蚓、田螺等。在饥饿时，则可能采食有机物残渣，如动物尸体，甚至取食死蝌蚪和卵等。有时还出现大蝌蚪捕食小蝌蚪的现象。

『科技前沿』

据报道，中华大蟾蜍蝌蚪日摄食率（日摄食率即1天中摄食的饵料占其体重的百分比）平均值12.28%，且其昼夜摄食活动具有明显的节律性，1天之中21时和6时为摄食高峰，且6时的摄食最为强烈；18时至21时有一段持续摄食高峰，9时、15时和0时摄食活动处于低迷。中华大蟾蜍蝌蚪在饵料充足的状况下，存在1个停食阶段，停食多发生在0时到3时和中午12时左右。

（二）幼蟾及成蟾期

中华大蟾蜍变态后的幼蟾和成蟾的食性不同于蝌蚪，它们通常只捕食活的动物，它们主动地寻找猎物或等猎物靠近到一定距离时突然捕捉猎物，这说明，中华大蟾蜍的捕食活动对视觉有很大的依赖性。据报道，变态后的蟾蜍食物有：蟋蟀、蝼蛄、蝗虫、蚱蜢、步行虫、拟步行虫、金龟子、金针虫、象鼻虫、葬甲、吉丁虫、叶甲、拟叶甲、沫蝉、蚜虫、尺蠖、黑蚁、夜蛾、螟蛾、舞毒蛾、猎蝽、蝇、虻、蚊、蜘蛛、蛞蝓、蜗牛、蚯蚓等。幼蟾与成蟾对饵料的要求不同之处是：幼蟾口较小，不能捕食大的食物，不能吞食大的饵料；而成蟾口较大，能吞食较大的食物。由此可见，中华大蟾蜍在自然条件下生长发育，其喜食的饵料十分丰富。但在人工养殖条件下，尤其是在高密度精养的情况下，天然饵料常不足，而变态后的蟾蜍喜食活动的饵料。所以，如何满足蟾蜍对饵料的要求，是人工养殖蟾蜍最关键的技术问题。

中华大蟾蜍在一年中的活动时间及昼夜捕食时间因不同地区的气候条件不同而有差异，其昼夜捕食活动具有明显的节律性，例如在江苏赣榆县每年3～10月都可见到大蟾蜍在田间捕食，其活动时间较黑斑蛙长 1 个多月。取食主要在 22 时至翌晨 7 时，但白天亦有捕食现象。据观察，中华大蟾蜍的食量很大，在连续捕食 3 头蚱蝉老龄若虫或 8～9 头非洲蝼蛄成虫，仍能捕食。据金志民等（2010）报道，中华大蟾蜍体重大，食物量也大，随着中华大蟾蜍体重的增加，其食物量大致与其体重呈正相关（见图 4-1）。

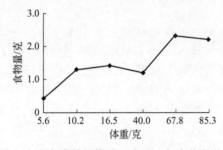

图 4-1　中华大蟾蜍的体重（净重）与食物量的关系

二、中华大蟾蜍的营养需要

中华大蟾蜍和其他动物一样具有摄食、消化、吸收营养物质和排泄废物，以及呼吸、体液循环、维持体温、机体运动等机能活动。在这些机能活动过程中，中华大蟾蜍机体需通过捕食食物，经消化分解吸收，在体内发生复杂的生理生化反应（即新陈代谢）而转化合成机体的各种营养物质。也就是说，构成中华大蟾蜍机体的营养物质是由采食的饵料转化来的。各种饵料中的营养物质主要包括能量、蛋白质、脂肪、碳水化合物、维生素、矿物质和水等。这些营养物质对中华大蟾蜍机体的生长、发育、繁殖和恢复以及机体对物质和能量的消耗，都是不可缺少的。其中，水是生命活动的基本要素；蛋白质、脂肪和碳水化合物是机体能量的来源；矿物质和维生素是维持生命所必需的物质。中华大蟾蜍正是靠不断地吃进饵料从中补充营养，又不断地随着机体活动的需要将之分解供能，这样周而复始地进行着新陈代谢，维系生命活动。提高中华大蟾蜍的繁殖力和生产性能，必须供给其足够的营养物质。

（一）能量

能量是物质的一种形式。能量不能创造，也不能产生，只能从一种形式的能量转换成另一种形式的能量。能量是中华大蟾蜍饵料营成分中用量最多的营养成分，也是缺口最大的资源。生命活动的基本特征是新陈代谢，有机体在新陈代谢过程中，不断地与生存环境之间进行着物质与能量的交换，这是生命得以生存的根本因素。能量在各种营养成分中是最重要的，各种营养成分的需要量都以能量为基础。中华大蟾蜍的各种生命活动都需要能量，维持生命供养系统如心、肺和肌肉的活动，组织的更新，生长形成体组织等，能量多余时则以脂肪的形成贮存于脂肪体、肾周围等处。

1. 能量的来源

机体经常摄取的营养物质包括碳水化合物、脂肪、蛋白质、无机盐、水和维生素，其机体能量来源于碳水化合物、脂肪和蛋白质等三大营养成分。这三大营养成分在测热器中测得的能量平均值为：碳水化合物 4.15 兆卡/千克，脂肪 9.40 兆卡/千克，蛋白质 5.65 兆卡/千克。碳水化合物和脂肪在体内氧化所产生的热量与测热器中测得的热量相同，但蛋白质在体内不能充分氧化，每千克蛋白质在体内氧化比测热器中测得的热量少 1.3 兆卡。

2. 能量的计量单位

在营养学中常以热的计量单位衡量能量。以"卡"（cal）表示，即 1 克水从 14.5℃升温到 15.5℃所需要的热量。在生产中为计算方便，常用千卡（1000 卡，kcal）或兆卡（1000 千卡，Mcal）表示。近年来，国际营养科学协会及国际生理科学协会认为应以能的衡量单位焦耳（Jonle，简写为 J）表示。一些欧美国家都采用焦耳为饲养标准的能量单位。我国现行饲养标准中卡和焦耳并用。卡和焦耳的等值关系如下：1 卡＝4.184 焦耳、1 千卡＝4.184 千焦耳、1 兆卡＝4.184 兆焦耳。

3. 能量在机体内的转化

（1）总能

中华大蟾蜍所采食的饲料完全氧化时所产生的热能，就是这种饲料的总能（GE）。总能是在测热器中测得的。但总能在评定饲料营养价值方面的作用不大，例如劣质饲料燕麦秸秆总能是 4.5 千卡/克，优质玉米是 4.4 千卡/克，它们的总能大体相同，但受饲料中粗纤维和灰分含量的影响，动物对它们的利用率却不同。

（2）消化能

饲料在机体内经过消化，大部分营养物质被机体吸收，未被消化吸收的饲料中含有能量，还有肠道中有微生物、分泌的一些消化酶及脱落的细胞都含有能量，这些物质由粪便排出体外，这些粪中的能量称为粪能。粪能是中华大蟾蜍进食的营养成分中损失最多的部分。饲料总能减去粪能就是消化能（DE）。

（3）代谢能

消化能被吸收后，有部分蛋白质在机体内不能被充分氧化利用，形成尿酸经尿排出，尿中含有的能量被称为尿能。尿能的损失一般是比较稳定的，但受蛋白质品质影响，蛋白质品质较差或氨基酸不平衡，都能增加尿能。总能减去粪能和尿能为代谢能（ME），消化能减去尿能也是代谢能（ME）。

（4）净能

中华大蟾蜍在采食饲料后，由于营养物质代谢而有产热增加的现象叫体增热。体增热的 80% 以上来自内脏。体增热并不是恒定的，受饵料中营养成分利用状况的影响，如蛋白质品质不好，饲料中氨基酸不平衡，磷、镁等矿物质不足，饲喂次数少等都能增加体增热。代谢能减去体增热就是净能。净能是中华大蟾蜍用于维持和进行各种生产的能量。维持部分的能量用于基础代谢，保持体温；生产部分的能量可贮存在组织或产品中。

（二）蛋白质与必需氨基酸

蛋白质是由氨基酸组成的一类数量庞大的有机物质的总称，是一切生命活动的物质基础。中华大蟾蜍机体每时每刻所进行的新陈代谢，就是体内旧物质的不断分解、排出，新物质的不断合成，并修补损伤组织的复杂生物化学过程。

1. 蛋白质的营养作用

蛋白质是构成蟾蜍机体组织的基本原料。蟾蜍的肌肉、神经、内脏、皮肤、血液、骨骼等，均以蛋白质为基本组成成分。此外，蟾蜍体内的酶和激素等，也主要由蛋白质构成。蛋白质在机体内通过代谢还能产生热量，维持生命。因此，可以说没有蛋白质就没有中华大蟾蜍的生命。中华大蟾蜍以活动物为食，其对饵料中蛋白质的需要高于一般的禽畜，而与水中生活的肉食性鱼类和龟鳖类相当。其对蛋白质的需要随着年龄、身体大小、生长发育阶段、饲养方式、环境因素的变化而变化。一般来说，蝌蚪对蛋白质的需要量低于幼蟾和成蟾，幼蟾对蛋白质的需要量又因其生长速度快而高于成蟾，而种蟾又因繁殖中消耗了大量的蛋白质，因而其对蛋白质的需要量又高于商品蟾。一般认为，蝌蚪期为 20%～30%，幼蟾40%～50%，成蟾 30%～40%，种蟾 50% 以上。当饵料中蛋白质供给不足时，会使中华大蟾蜍体内蛋白质的代谢变为负平衡，体重减轻，生长率降低，并且影响卵子和精子的品质和数量，降低繁殖率、受精率和阻碍胚胎的正常发育等。此外，还会减少抗体和免疫细胞的形成，因而抗病力下降。但这并不是说饵料中蛋白质越多越好。从生理角度说，过多的蛋白质将会加重中华大蟾蜍肝脏和肾脏的负担，损害健康，造成减产。从经济角度来讲，蛋白质多的饵料其价格也高，过多使用会增加饲料成本，造成浪费，影响收入。

2. 必需氨基酸

尽管蛋白质的化学成分、物理特性、形态、生物学功能等方面差异很大，但这些蛋白质都是由 20 多种不同的氨基酸分子构成的，因此说氨基酸是构成蛋白质的基本单位。这些氨基酸按动物的营养需要，通常可分为必需氨基酸和非必需氨基酸。所谓必需氨基酸指动物机体不能合成或合成速度不能满足机体需要，必须由饲料蛋白供给的氨基酸。非必需氨基酸则是指动物机体内合成量多或需要量小，不经饲料供应也能满足正常需要的氨基酸。对中华大蟾蜍而言必需氨基酸有 10 种：赖氨酸、蛋氨酸、亮氨酸、异亮氨酸、苏氨酸、缬氨酸、色氨酸、苯丙氨酸、组氨酸、精氨酸。以上 10 种必需氨基酸，缺少了任何一种，都会限制蛋白质中其他氨基酸的利用。如赖氨酸是脑细胞、生殖细胞、核蛋白的组成成分，也是血红蛋白不可缺少的成分。如果食物中长期缺乏赖氨酸，中华大蟾蜍则生长停滞、骨钙化失调、机体消瘦。

『专家提示』

人工养中华大蟾蜍时，若投喂整体鲜活饵料，一般不必考虑缺乏某种必需氨基酸而患病。若投喂人工配合饵料，则必须考虑日粮中必需氨基酸的平衡。给中华大蟾蜍投喂人工配制的低蛋白质日粮，或配制日粮的饲料单一，很容易导致中华大蟾蜍某种或某几种氨基酸缺乏，进而导致幼蟾生长发育缓慢，抗病力降低，死亡率增加。

饵料中的蛋白质含量高低以粗蛋白含量来表示。粗蛋白是含氮物质的总称，它包括纯蛋白质和氨化物。各种饵料中粗蛋白的含量差别很大，通常以动物性饲料最高，油饼类次之，糠麸及禾本科籽实较低。饵料中蛋白质所含必需氨基酸完全，能合成蟾体蛋白质的部分愈多，其营养价值就高。饵料中缺乏任何一种氨基酸，都会降低饵料粗蛋白质的有效利用率，从而阻碍中华大蟾蜍的正常生长和繁殖。为提高饵料蛋白质生物利用效率，可采用以下方法：①投喂饵料多样化，发挥它们的互补作用，以提高生物学价值；②合理加工调制饲料，如禾本科籽实、油饼类和动物性饲料，一般经过加温处理，其蛋白质生物学价值就会降低 29%；③在饵料中补充某些添加剂，如必需氨基酸（如赖氨酸、蛋氨酸）。

（三）脂肪

脂肪是饵料中粗脂肪的主要成分。经化学方法分析，饵料中的粗脂肪除脂肪外，还有油和类脂化合物。这些脂类成分在中华大蟾蜍的消化道中被分解成甘油和脂肪酸，由小肠吸收后，再转化为体脂肪利用。

1. 脂肪的营养作用

脂肪是能量贮存的最好形式。单位重量的脂肪含热量高，且同等重量的脂肪比糖所占的体积要小得多。脂肪是中华大蟾蜍体内的主要贮备能源，广泛分布于身体组织中，当饵料中能量不足时，脂肪即被分解，释放出能量。脂肪是细胞的一个重要组成部分，中华大蟾蜍体内的各种组织和器官中都含有脂肪。脂肪还可以保护内脏，减少机械冲撞挤压损伤，同时还可以防止体内热量的散发。脂肪还是蟾体内脂溶性维生素 A、维生素 D、维生素 E、维生素 K 及胡萝卜素的溶剂，饵料中如果脂肪含量不足，这些脂溶性维生素的功效将明显降低。脂肪还可以为蟾体提供机体所需的必需脂肪酸。此外，蟾体内贮备的脂肪还具有防御寒冷、减缓震动和撞击等作用。当饵料中缺乏脂肪时，易导致中华大蟾蜍发生脂溶性维生素缺乏症，常导致其生长迟缓，性成熟障碍。

2. 必需脂肪酸

所谓必需脂肪酸是指能够促进中华大蟾蜍生长发育、维持生命活动所必需，而在动物机体内不能合成或合成速度不能满足需要而必须从外界摄取的一类不饱和脂肪酸。中华大蟾蜍所需要的必需脂肪酸包括亚油酸、亚麻酸和花生四烯酸。在人工养殖条件下，如果饵料中长期缺乏必需脂肪酸，中华大蟾蜍机体免疫力下降、抵抗力减弱、生长停滞、生殖能力异常。所以，人工配制饵料时，应考虑添加一定比例的脂类（动植物油），给中华大蟾蜍提供所需的各种必需脂肪酸，这对预防中华大蟾蜍的营养代谢性疾病非常必要。

（四）碳水化合物

碳水化合物分为两大部分：一部分是易消化的淀粉和糖类，也称为无氮浸出物；另一部分为难消化的粗纤维。碳水化合物是构成中华大蟾蜍器官组织的物质之一，机体内的肌糖、肝糖作为细胞的构成成分参与许多重要的生理生化反应。碳水化合物是形成机体器官不可缺少的成分，如五碳糖（核糖）是细胞核的组成成分，半乳糖与类脂肪是神经组织的必需物质。碳水化合物是中华大蟾蜍所需能量的来源之一。如果饵料中碳水化合物（如淀粉和糖类）供给不足时，往往由于能源缺乏使蛋白质转化为能量，造成蛋白质利用率下降，或者动用体内贮备的脂肪，引起体重下降。饵料中碳水化合物含量过多，会降低饵料的适口性，而增加饵料的消耗。据报道，牛蛙对碳水化合物的需要量为 $23.58\% \sim 28.18\%$，养殖中华大蟾蜍时可供参考。

由于蝌蚪的肠道中含有纤维素酶，能将纤维素分解成单糖加以利用，而幼蟾和成蟾的肠道中则缺少纤维素酶，难于消化纤维素。纤维素不能作为变态后的中华大蟾蜍营养物质，但如果在饵料中保持适宜的粗纤维水平，能使食团松散、刺激胃肠蠕动、促进消化液的分泌、促进胃肠道发育，有助于消化和排泄。但饵料中粗纤维含量不宜过多，配合饲料中务必以动物性饲料为主，否则得不偿失。一般认为在蝌蚪饲料中粗纤维含量可达 10%，而在幼蟾和成蟾饲料中粗纤维含量要低于 8%。

（五）维生素

维生素是中华大蟾蜍维持生命、生长发育、正常生理机能和新陈代谢所必需的一类低分子化合物。维生素在饵料含量很少，不能由机体合成或合成的数量不能满足中华大蟾蜍的需要，必须由饵料供给。它既不是能量的来源，也不是构成机体组织的主要物质，但维生素的作用具有高度的生物学特性，是正常组织发育以及健康生长、生产和维持所必需的。维生素可分为脂溶性维生素和水溶性维生素两大类。脂溶性维生素是溶于脂肪而不溶于水的维生素，主要有维生素 A、维生素 D、维生素 E、维生素 K 等；水溶性维生素能溶于水，主要有 B 族维生素（维生素 B_1、维生素 B_2、维生素 B_6、尼克酸、泛酸、维生素 B_{12}、叶酸、生物素等）以及维生素 C 等。

在饵料中维生素缺乏或吸收、利用维生素不当时，会导致特定缺乏症或综合征，就会使机体中所必需的某些酶合成受阻，正常的生理机能导致破坏，新陈代谢紊乱，影响营养物质的吸收，健康水平下降，体质衰弱，导致种种疾病，甚至引起死亡。如缺乏维生素 A，蝌蚪和成蟾会发生眼盲、腐皮等病；缺乏 B 族维生素，往往造成蟾食欲不振、消化不良；缺乏维生素 E 则会造成种蟾繁殖率下降。所以说，维生素的营养上的重要性并不次于蛋白质、脂肪、碳水化合物和矿物质等。

（六）矿物质元素

已发现有 20 种左右的元素是构成中华大蟾蜍机体组织、维持生理功能和生化代谢所必需的。其中除碳、氢和氮主要以有机化合物形式存在外，其余的统称为矿物质（无机盐或灰分）。为便于研究，将其中含量占中华大蟾蜍机体体重 0.01% 以上的矿物质元素称为常量元素，含量占中华大蟾蜍体重 0.01% 以下的矿物质元素称为微量元素。常量元素有钙、磷、钾、钠、氯、镁、硫等。微量元素有铁、硒、铜、锌、钴、锰和碘等。这些矿物质元素是构成中华大蟾蜍机体的重要成分，是酶系统的重要催化剂，也是维持正常生理活动不可缺少的物质。中华大蟾蜍在任何条件下，不可缺少矿物质元素，如果缺少矿物质元素，则不能保证中华大蟾蜍的健康，以及它们的正常生长与繁殖，情况严重时还会导致死亡。

1. 钙与磷

钙与磷是组成骨骼的重要成分，骨骼中所含的钙占全身总钙量的 90% 以上，所含的磷占全身总磷量的 75%～85%。蝌蚪与幼蟾的骨骼和肌肉生长迅速，当饲料中钙、磷供应不足时，则骨骼生长缓慢、发育不良，严重时产生软骨病。

『经验推广』

为了保证中华大蟾蜍钙、磷的吸收和利用，除饵料中供应充足的钙、磷外，还要注意钙、磷的合理比例[一般为 (1～2)∶1]，供给足够的维生素 D，才能充分吸收钙、磷。

2. 钠和氯

钠和氯主要分布在体液和软组织中，是形成胃酸的原料，并能促进消化酶的活动，有利于脂肪和蛋白质的消化吸收，同时还能改善饵料的适口性，增进食欲，帮助消化。如果钠、氯不足，会引起食欲不振、消化不良，阻碍生长发育，体重下降，身体消瘦等。食盐是钠和氯的廉价来源，故在饲料中添加 0.2% 左右的食盐能满足钠、氯的需要，加入量过多则可能引起食盐中毒。

三、中华大蟾蜍的人工配合饵料

(一) 中华大蟾蜍常用饲料的营养特点

中华大蟾蜍饲料种类众多，按饲料的营养特性将可分为蛋白质饲料、能量饲料、青绿饲料、矿物质饲料、维生素饲料和添加剂饲料等。

1. 蛋白质饲料

蛋白质饲料是指干物质中蛋白质含量在 20% 以上、粗纤维含量在 18% 以下的饲料。蛋白质饲料包括动物性蛋白质饲料和植物性蛋白质饲料两大类。

(1) 动物性蛋白质饲料

来源于动物的饲料，如鱼粉、肉粉、血粉、蚯蚓粉，以及活的小鱼、小虾、昆虫、蚯蚓、蝇蛆和黄粉虫等。

1) 鱼粉。蛋白质含量高，必需氨基酸多，生物学价值高，并含丰富的钙、磷和各种维生素（特别是维生素 B_{12}），在动物性蛋白质饲料中占据重要地位。鱼粉的种类很多，因鱼的来源和加工过程不同，饲用价值各异。进口优质鱼粉外观呈淡黄色，浅褐色，有点发青，有特殊鱼粉香味，不发热，不结块，无霉变和刺激味；蛋白质含量在 62％以上，脂肪小于 10％，水分小于 12％，盐分和沙含量均不超过 1％，赖氨酸 4.5％以上，蛋氨酸 1.7％以上，真蛋白质占粗蛋白质 95％以上，挥发性氨态氮不超过 0.3％；适口性好，动物性蛋白质饲料所具有的各种营养特点都很突出。因此，其饲用价值高于其他蛋白质饲料。用人工配合饵料时，鱼粉与谷类饲料配合使用可以起到氨基酸的互补作用。进口鱼粉以秘鲁和智利的质量最好。国产鱼粉质量较差，粗蛋白质含量多在 40％以下，粗纤维含量高，盐分含量也高。

『经验推广』

　　由于我国鱼粉供不应求，市场上优质鱼粉较少，且劣质鱼粉、掺假鱼粉较多。因此，使用鱼粉时应注意鉴别。优质鱼粉盐分不超过 1％，含盐分过高的鱼粉应限制使用，以防止中华大蟾蜍食盐中毒；鱼粉含较高的脂肪，尤其是以鱼下脚料为原料制得的粗鱼粉含量更高，贮藏过久易发生氧化酸败，影响适口性和造成下痢和肉质变质。对含食盐量高的鱼粉应做脱盐处理。具体操作是：先将鱼粉泡在淡盐水中，然后改用清水浸泡脱盐，养蟾业者可以试试。

　　2）肉粉和肉骨粉。肉骨粉或肉粉是以动物屠宰场副产品中除去可食部分之后的残骨、脂肪、内脏、碎肉等为主要原料，经过脱油后再干燥粉碎而得的混合物。屠宰场和肉品加工厂将人不能使用的碎肉、内脏等处理后制成的饲料为肉粉；连骨带肉一起处理加工成的饲料为肉骨粉。含磷量在 4.4％以上的为肉骨粉，在 4.4％以下的为肉粉。产品中不应含毛发、蹄、角、皮革、排泄物及胃内容物。正常的肉粉和肉骨粉为褐色、灰褐色的粉状物。蛋白质含量一般在 45％～60％，赖氨酸含量较高，矿物质含量丰富。

3）蚯蚓。蚯蚓属于环节动物门寡毛纲，多用于改良土壤、提高土壤肥度、处理垃圾等方面。但随着蛋白质原料的价格不断上涨，蚯蚓作为一种新型动物性饲料蛋白源开始受到饲料生产者的密切关注。蚯蚓蛋白质含量高，干物质体内最高蛋白质含量可达70％，富含多种氨基酸，其中精氨酸含量比鱼粉高2～3倍，色氨酸含量是牛肝的7倍，赖氨酸的含量也高达4.3％。蚯蚓干物质中脂肪含量较高，且不饱和脂肪酸含量高，饱和脂肪酸含量低。除了上述营养成分外，蚯蚓体内还含有丰富的维生素A、B族维生素、维生素E及多种微量元素、激素、酶类、糖类。鲜蚯蚓是一种多汁高蛋白动物饲料，鲜蚯蚓具有特殊的气味，对经济动物具有良好的诱食效果和促生长作用，目前广泛用于鸡、鸭、猪、龟、虾、蟹等动物的活食饵料。但是饲喂鲜蚯蚓时，投喂量不宜过大；且用鲜蚯蚓作饲料时，必须现取现喂或快速加工，以免蚯蚓死亡腐败。鲜蚯蚓经风干、烘干或冷冻干燥后粉碎即为蚯蚓粉。蚯蚓粉保存时间长，可直接喂养禽畜和鱼、虾、鳖、水貂、牛蛙等，也可以与其他饲料混合。

4）黄粉虫。黄粉虫又名面包虫，原来是一种仓库害虫，现已普遍进行人工养殖。黄粉虫干品中的蛋白质含量一般在35.3％～71.4％之间。黄粉虫脂肪和蛋白质含量会因不同季节、不同虫态而有很大的变化。黄粉虫的初龄幼虫和青年幼虫生长比较快，新陈代谢旺盛，体内脂肪含量低，蛋白质含量较高。老熟幼虫蛹体内脂肪含量较高，蛋白质含量相应较低。越冬幼虫因贮藏了大量脂肪，其蛋白质含量比同龄期的夏季幼虫含量低10％左右。因此，利用黄粉虫蛋白质作为饲料，最好选用生长旺期的幼虫或蛹。近几十年来，人们将黄粉虫作为珍禽、蝎子、蜈蚣、蛤蚧、鳖、牛蛙、热带鱼和金鱼的饲料。以黄粉虫为饲料养殖的动物，不仅生长快、成活率高，而且抗病力强，繁殖力也有很大提高。

5）蝇蛆。蝇蛆是代替鱼粉的优良动物性蛋白质饲料。分析测试结果表明，蝇蛆含粗蛋白55％～65％、脂肪2.6％～12％，无论是原物质或是干粉，蝇蛆的粗蛋白含量都与鲜鱼、鱼粉及肉骨粉相近或略高。蝇蛆的蛋白质氨基酸组成较全面，含有动物所需要的17种氨基酸，且每种氨基酸的含量均高于鱼粉，必需氨基酸和蛋氨酸含量分别是鱼粉的2.3倍和2.7倍，赖氨酸含量是鱼粉的2.6

倍。同时，蝇蛆还含有多种生命活动所需要的微量元素，如铁、锌、锰、磷、钴、铬、镍、硼、钾、钙、镁、铜、硒、锗等。

6) 畜禽副产品。畜禽副产品包括畜禽的头、骨架、内脏和血液等，这些产品除肝脏、心脏、肾脏和血液外，蛋白质的消化率和生物学价值较低。因此，利用这些副产品时数量要适当，并注意同其他饲料搭配。繁殖期注意不喂含激素的副产品。

① 肝脏。一些动物的肝脏是优质全价的动物性饲料，含有蛋白质 19.4%、脂肪 5.0%，还有丰富的维生素 A、维生素 D 和微量元素。但动物肝脏饲喂比例不要过高，肝脏中的盐类会导致动物轻度腹泻。

② 心脏和肾脏。动物的心脏和肾脏含丰富的蛋白质和维生素，是全价的蛋白质饲料。新鲜的心脏和肾脏生喂时，不仅适口性强，营养价值和消化率也很高。

③ 肠。动物肠的蛋白质、脂肪含量随动物种类及食性不同而有差异，例如猪肠蛋白质 6.9%，脂肪 15.6%；兔肠蛋白质 14.0%，脂肪 1.3%。使用动物新鲜肠时，应先除去内容物，洗净后再使用。

④ 胃。家畜的胃中蛋白质氨基酸组成不均衡，使用时宜搭配鱼、肉类，补其不足，饲喂效果才好。使用前亦应清除内容物并洗净。

⑤ 肺。动物的肺含有较多不易消化的结缔组织，蛋白质不全价，营养价值较低。如牛肺仅含蛋白质 7.3%，脂肪 1.4%。直接食用肺对食入动物的胃肠有刺激，会导致食入动物呕吐，故宜煮熟后绞碎配入配合饵料中。

⑥ 动物的血和血粉。动物的血富含蛋氨酸、胱氨酸等含硫氨基酸及矿物元素，营养价值高而且易于消化，但动物血中含无机盐较多，有轻泻作用，喂量过高易导致食入动物出现腹泻。所以一般在配合饲料中所占比例宜控制在 10%～15%。另外，血不易保存。为确保安全，通常把血加热煮成血豆腐，或者制成血粉后利用。

（2）植物性蛋白质饲料

包括各种豆饼（粕）、花生饼（粕）等。它们的干物质中粗蛋白含量为 25%～40%，消化能较高，脂肪含量也较多。在配合饵料中应用大豆饼或花生饼可以减少鱼粉的用量，降低饲料成本。一般用量为 25%～35%，饲料中用量过多会引起消化不良和造成饲料的浪费。

① 大豆饼（粕）。大豆饼（粕）是养殖生产上用量最多、使用最广泛的植物性蛋白质饲料。大豆饼含粗蛋白 42% 左右，大豆粕含粗蛋白 50% 左右。大豆饼（粕）赖氨酸含量都较其他饼粕高，但蛋氨酸相对较低，在配制饵料时可添加蛋氨酸，或与含蛋氨酸较多的原料搭配。

『专家提示』

生大豆中存在多种抗营养因子，如胰蛋白酶抑制剂、大豆凝集素、胃肠胀气因子、大豆抗原等。这些成分会造成养分的消化率下降和干扰动物机体的正常生理过程，其中尤其是大豆抗原会造成动物肠道过敏损伤，而引起动物腹泻（即使加热处理这种抗原仍有较强的活性）。大豆饼（粕）所含的抗营养因子与大豆相同，其含量与大豆提取油脂时的水分、温度和加热时间有关，适当的水分和加热时间，有助于消除这些有害物质。国家标准规定饲用大豆饼（粕）中脲酶活性不得超过 0.4%。由于普通加热处理不能完全破坏大豆中的抗原物质，因此饲喂动物的饼粕最好经过膨化处理或控制饼粕在饲粮中的适宜比例。

② 花生仁饼（粕）。花生仁饼（粕）蛋白质含量 38%～44%，粗纤维较低，粗脂肪较高，故有效能值较高。花生仁饼（粕）中精氨酸和组氨酸相当多，但赖氨酸（1.2%～2.1%）和蛋氨酸（0.4%～0.7%）含量低，饲用时必须注意必需氨基酸平衡。花生仁饼（粕）很容易发霉，特别是在温暖潮湿条件下，黄曲霉繁殖很快，并产生黄曲霉毒素，这种毒素经蒸煮也不能去掉。因此，花生仁饼（粕）必须在干燥、通风、避光条件下妥善贮存，发霉的花生饼不能饲用。另外，花生饼（粕）中含有抑制蛋白酶因子，适当加热可破坏该有害因子，这点应予以注意。

2. 能量饲料

能量饲料是指含能量高（消化能大于 10.45 兆焦/千克）、粗纤维含量较低（18%）、易于消化的饲料。常用的能量饲料有玉米、大麦、小麦、稻谷等。能量饲料的粗蛋白质含量较低，加上蟾蜍人工饵料中蛋白质饲料用量较多，在人工配制中华大蟾蜍饵料时，一般用量不宜太多。

（1）玉米

玉米能量高，含粗纤维少，适口性好，易于消化。但蛋白质含量低，仅 8.5% 左右，生产中必须与品质较好的蛋白质饲料和矿物质饲料等搭配一起喂。玉米粗脂肪含量高（为 4%～5%），亚油酸高达 2%，是谷类籽实中最高者。黄玉米所含的黄色色素，不仅可使配合饲料色泽好看，而且其中的 β-胡萝卜素可转化为维生素 A。

（2）大麦

大麦的蛋白质含量 11%～12%，品质也较好，赖氨酸、蛋氨酸、色氨酸含量比玉米略高，其粗脂肪含量则较低。严重感染赤霉病的大麦，不仅适口性差，且易导致中毒。

（3）小麦

小麦的综合营养价值高于玉米。如蛋白质含量是禾谷类籽实最高的，必需氨基酸、钙、磷、锰、锌、铁的含量都高于玉米，磷的利用率也高于玉米。

3. 青绿饲料

青绿饲料是指富含水分和叶绿素的植物性饲料，包括作物的茎叶、藤蔓、水生植物、天然牧草和栽培牧草。青绿饲料鲜嫩可口，营养丰富，水分含量高，栽培或野生的陆生青饲料含水分为70%～85%，水生青饲料含水分为 90%～95%，因此，青绿饲料中干物质含量少，营养浓度低。青绿饲料是生产上维生素营养的良好来源，特别是胡萝卜素、B 族维生素含量丰富，但缺乏维生素 D。另外，青绿饲料含粗纤维少，幼嫩多汁、消化率高。

4. 矿物质饲料

常规饲料中的矿物质含量往往不能满足中华大蟾蜍的营养需要，常常要用专门的矿物质饲料来补充。一般常用的矿物质饲料有食盐、含钙饲料和钙磷平衡的饲料。

（1）食盐

食盐中含钠 39％、含氯 60％。碘化食盐还含有 0.007％的碘。中华大蟾蜍饲料中适当添加食盐，可改善饲料的适口性，增进食欲，从而促进生长。

（2）含钙饲料

常用的含钙饲料有：碳酸钙、石粉、贝壳粉、蛋壳粉等。

（3）钙磷平衡的饲料

常用的主要有骨粉、磷酸氢钙。

① 骨粉。骨粉因加工方法不同，有蒸骨粉、煮骨粉、脱脂骨粉等区分，含钙量 24％～28％，含磷 10％～12％，是很好的钙、磷平衡的饲料。

② 磷酸氢钙。为白色或灰白色粉末，含钙 22％～23％、磷 16％～18％。磷酸氢钙是中华大蟾蜍饲料中的优质钙磷补充料，但要注意铅含量不能超过 50 毫克/千克，氟与磷之比不超过 1∶100。

5. 维生素饲料

中华大蟾蜍需要的维生素，除常规饲料，特别是青绿饲料、酵母提供外，人工配合饵料中主要靠工业合成的维生素添加剂来补充。

6. 添加剂饲料

添加剂饲料是向饲料中添加的少量或微量的物质，目的在于补足某种营养物质，满足中华大蟾蜍的营养需要，促进中华大蟾蜍的生长发育，同时提高饲料利用率，提高中华大蟾蜍的抗病力，减少病害的发生。饲料添加剂的种类很多，除常用的营养性添加剂外（如矿物质、维生素和氨基酸添加剂），还有防病治病的抗病保健性添加剂。同时，为了保证配合饲料的质量，还有抗氧化剂、防霉剂等。在添加剂饲料的使用中，要严格掌握添加剂品种的作用和用量，因某些品种之间有颉颃作用，使用不当就会降低饲料转换率，甚至发生中毒。此外，滥用抗生素类添加剂还会增加抗生素的残留，而有害于人体健康，降低其经济效益，还会污染环境。所以，饲料添加剂的选用要遵循安全无公害、经济和科学的原则。

总之，中华大蟾蜍饲料的种类繁多，了解其营养特点（见表 4-1、表 4-2）以及配合饵料的生产和使用，对提高饵料的转化率、降低饲料成本、提高饲养效果，很有必要。

表 4-1　蝌蚪常用饲料营养成分　　　　　%

饲料名称	粗蛋白	粗脂肪	粗纤维	无氮浸出物	钙	磷
莴苣叶	1.93	0.16	1.77	3.24		
白菜叶	0.11	0.17	0.93	4.36		
卷心菜	1.40	0.30	1.40	8.30	0.04	0.05
甜菜	1.6	0.10	1.40	7.00		
甘薯秧	1.40	0.40	3.30	5.00		
菠菜	2.4	0.50	0.70	3.10		
苜蓿	15.8	1.50	25.00	26.50	2.08	0.25
鲜浮萍	1.6	0.90	0.70	2.70	0.19	0.04
硅藻	22.87	13.60	14.30	14.30		
水浮莲	1.07	0.26	0.58	1.63	0.10	0.02
小米粉	8.8	1.40	0.80	74.8	0.07	0.48
玉米粉	6.1	4.50	1.30	73.00	0.07	0.27
大麦粉	10.8	2.10	4.60	67.60	0.05	0.46
黄豆粉	34.8	10.00	3.80	35.50	0.12	0.42
豆饼	35.90	6.90	4.60	34.90	0.19	0.51
花生饼	43.80	5.70	3.70	30.90	0.33	0.58
菜籽饼	37.73	1.50	11.69	30.48	0.71	0.98
麦麸	13.50	3.80	10.40	55.40	0.22	1.09
米糠	10.80	11.70	11.50	45.00	0.21	1.44
秘鲁鱼粉	61.30	7.70	1.00	2.40	5.49	2.81
国产鱼粉	53.50	9.80	3.90	0.40	2.15	4.50
脱脂蚕蛹	59.60	18.10	5.60	5.90	0.04	0.07
血粉	83.80	0.60	1.30	1.80	0.20	0.24
肉粉	70.79	12.20	1.20	0.30	2.94	1.42
蚯蚓粉	56.40	7.80	1.50	17.90		
蛋黄粉	32.40	33.20		8.90	0.44	
蜗牛粉	60.90	3.85	4.50	18.00	2.00	0.84
饲用酵母粉	56.70	6.70	2.20	31.20		
剑水蚤	59.81	19.80	10.0	4.58		
鳔水蚤	64.78	6.61	8.58	12.60		
长刺水蚤	36.38	12.07	6.90	25.19		
摇蚊幼虫	8.20	0.10		2.40		
条纹蚯蚓	56.40	7.80	1.50	17.90		

表 4-2　成蟾常用饲料营养成分　　　　　　　　%

饲料成分	蛋白质	脂肪	碳水化合物	热量/千焦
猪肝	20.1	4.0	3.0	535
猪肠	6.9	15.6	0.5	711
鸡内脏	9.0	10.6		565
兔肠	14.0	1.3		293
淡水杂鱼	13.8	1.5		632
泥鳅	18.4	2.7		632
蚌肉	6.8	0.8	4.8	230
熟蜗牛	10.06	0.57		418
海杂鱼	13.8	2.3		351
蚕蛹	60.0	20.0	7.0	1874
干昆虫	57.0	3.9		
干蝇蛆	59.39	12.61		
蚯蚓	55.46	9.11		

（二）人工配合饵料的优点

随着中华大蟾蜍饲养规模的扩大，饵料的需求量也日益增大，鲜活的动物饵料（如蚯蚓、蝇蛆等）不能满足需要时，就必须大力发展人工配合饵料，才能保证该养殖业的健康发展。人工配合饵料具有营养全面、适口性好、便于贮存与保管、使用方便、引诱性强、能促进蝌蚪和蟾蜍的摄食等优点。

（三）人工配合饵料的配制原则

中华大蟾蜍人工饵料至少要满足以下条件，才能满足其生长发育的需要和适于中华大蟾蜍取食：首先要根据中华大蟾蜍的营养需要、饲料营养价值、生理特点及经济指标确定饲料配方；其次要进行适当的技术处理，使之能在较长时间内浮在水面，为中华大蟾蜍摄食。在具体设计中华大蟾蜍人工配合饵料时应遵循以下原则。

1. 保证营养物质全面

目前，我国尚无中华大蟾蜍的饲养标准。郑建平（1991）根据国外有关营养标准设计了蛙类人工饵料配方，可供生产实践中参考。其主要营养成分为：粗蛋白质 23%、粗纤维 5%、钙 0.82%、磷 0.66%、赖氨酸 1.59%、蛋氨酸 0.56%、胱氨酸 0.41%、色氨酸0.71%、食盐0.2%、胡萝卜素7.5毫克；消化能2500千卡/千克。参考营养比例时，首先满足中华大蟾蜍的能量需要，同时还要考虑蛋白质、矿物质和维生素的需要。为此，饵料原料种类应尽可能多一些，以保证营养物质全面，发挥各种营养物质的互补作用，从而提高营养物质的利用效率。

2. 选择适当原料

根据中华大蟾蜍消化生理特点，其成体以动物性原料为主，植物性原料为辅；对于蝌蚪则可以植物性原料为主，动物性饲料为辅。中华大蟾蜍成体为食肉性动物，机体不能消化、吸收纤维素，但纤维素有刺激胃肠蠕动，促进食物运动、充分与消化液和消化酶混合，帮助食物消化的功能。所以说，在其配方中含有一定量纤维素是有益的，但纤维素的含量不能过高。如果粗纤维在饵料中含量过高，则往往导致肠梗阻。

3. 限制动植物性原料的比例

中华大蟾蜍成体为肉食性动物，不仅不能消化、吸收利用纤维素，而且体内缺乏淀粉酶，对淀粉的消化、吸收能力很低，配合饲料中植物性饲料比例过高，不利于中华大蟾蜍的生长发育。

4. 注意钙磷比例

钙、磷对处于生长发育期的幼蟾尤为重要，不能缺少。如果日粮中钙、磷或比例失调，则骨骼变得疏松脆弱，甚至患软骨病和佝偻病。幼龄动物生长期的日粮中，不但要求钙、磷含量充足，而且钙、磷两者含量比例应适当。其生长初期，钙与磷之比应为(1.5~2):1，到后期则应为(1~1.2):1。

5. 科学添加维生素

维生素A是一种能维持机体上皮组织细胞完整与健康的重要物质，并参与视觉的形成。如果缺乏维生素A，则将导致皮肤黏膜及消化道等一系列上皮组织细胞角质化，进而引发一系列疾病，所以在中华大蟾蜍的饵料中配给适量维生素A是很有必要的。维生素D可促进钙、磷吸收，以利于钙、磷在骨骼和牙齿上沉积。

6. 考虑适口性

适口性好，中华大蟾蜍才会采食，不致出现厌食现象。在满足营养需要的前提下，应根据蟾蜍摄食特点，注意配合饵料的形状大小、运动状态等以方便蟾蜍捕食，同时还应加入着色剂和引诱剂，以吸引中华大蟾蜍尽快前来摄食。原料必须保证质量，绝不能发霉、变质，也不能随便加入有毒的或不符合有关养殖标准的药物。一般要求蝌蚪的可制成粉末状饲料，而幼蟾及成蟾的应制成膨化颗粒饲料为好。

7. 注意降低成本

选用原料必须符合因地制宜和因时制宜的原则，这样才可以充分利用当地的饲料资源，可以减少运输费用，以降低养殖成本。有条件的地方，应建立饵料基地，有计划地生产饵料，这样饵料供应既主动，又不会受到牵制。

（四）人工配合饵料配方示例

见表 4-3、表 4-4。

表 4-3　蝌蚪期常用饵料配方　　　　　　　　％

成分	配方 1	配方 2	配方 3	配方 4	配方 5	配方 6	配方 7
鱼粉	21	—	—	—	20	—	15
蓝藻或颤藻	—	—	—	—	—	65	—
肉粉	—	—	20	—	—	—	—
血粉	—	—	—	20	—	—	—
蛋黄	—	—	—	—	—	35	—
蚕蛹粉	—	—	—	—	30	—	—
猪肝	—	—	—	—	—	—	25
小杂鱼	—	50	—	—	—	—	—
蚯蚓粉	—	—	8	—	—	—	—
玉米粉	12	—	—	—	—	—	—
花生饼粉	38	25	—	40	—	—	—
豆饼粉	—	—	10	15	—	—	—
麸皮	12	10	—	12	—	—	—
米糠	18	—	50	—	—	—	43
大麦粉	—	—	—	10	50	—	—
小麦粉	—	13	—	—	—	—	—
白菜叶	—	—	10	—	—	—	—
菠菜	—	—	—	—	—	—	10
无机盐添加剂	—	—	—	2	—	—	—
螺壳粉	—	—	2	—	—	—	—
维生素添加剂	—	—	—	1	适量	—	—
饲料酵母粉	—	2	—	—	—	—	—
甲状腺素（另加）	—	—	—	—	—	3/4 片	—
骨胶	—	—	—	—	—	—	7

表 4-4　幼蟾与成蟾常用饵料配方　　　　　　　　%

成分	配方 1	配方 2	配方 3	配方 4	配方 5	配方 6	配方 7	配方 8	配方 9	配方 10
鱼粉	30	40	30	20	35	20	30	40	35	30
肉粉	—	—	—	20	—	—	—	—	—	20
蚕蛹粉	—	—	—	—	—	20	—	—	—	—
豆饼	40	30	—	30	35	30	20	—	35	30
花生饼	—	—	40	—	—	—	—	30	—	—
蚯蚓粉	—	—	—	—	—	—	—	—	5	—
大麦粉	—	—	—	—	—	—	—	—	10	—
玉米粉	15	15	—	15	15	15	20	20	—	—
苜蓿粉	5	5	—	—	—	10	—	—	—	—
麸皮	10	10	—	15	15	15	20	10	—	10
米糠	—	—	15	—	—	—	—	—	15	10

四、中华大蟾蜍常用天然饵料的采集

自然界存在的各种水藻、水丝蚓、各种昆虫、蚯蚓、蜗牛、田螺等动物都是中华大蟾蜍的天然饵料，其中一些种类是有益动物，要谨防过量采集。在此仅介绍诱集昆虫与天然鱼虫、水蚯蚓的人工采集，其他种类可采用有效的方法采集。

1. 诱集昆虫

昆虫是中华大蟾蜍的活饵料。蛾虫对波长 0.33～0.4 微米的紫外线具有较强的趋向性。黑光灯所发出的紫光和紫外线，一般波长为 0.33 微米，是蛾虫最喜欢的光线波长。利用这一特点，可于晚上在池内中华大蟾蜍栖息地附近用黑光灯大量诱集蛾虫，供中华大蟾蜍捕食。也可以利用昆虫对鱼腥味、糖和酒味等特殊气味的趋向性，在饵料台等处安置内盛糖、酒和水混合液的小盆（盆口盖网罩，以防昆虫淹死在盆内）诱集昆虫。亦可在养殖池周围多种植一些植物，以诱集昆虫供中华大蟾蜍捕食。这样可以为中华大蟾蜍增加一定数量廉价优质的鲜活动物性饵料，加快并促进它们的生长，降低养殖成本，提高经济效益。

2. 天然鱼虫的捕捞

鱼虫是污水坑塘中滋生的各种浮游动物的俗称，主要有枝角类、桡足类、草履虫、轮虫等。这些鱼虫大量生长于城市郊区、村镇和集市附近的肥水池塘、河沟中，其体内含有大量的蛋白质，是中华大蟾蜍蝌蚪的良好饵料。在一年四季中，以春季鱼虫数量最多（气温上升 10℃ 以上时，浮游动物开始大量繁殖）；夏季数量少；秋季浮游动物繁殖得很快，形成较大的群体；冬季数量最少。鱼虫除有季节性的活动规律外，昼夜间也有变化。例如，每当傍晚，水蚤从水的深层开始移到水的表面，结群成片，使水的表面呈红色的网状云纹；日出前又逐渐返回水的深处。另外，如遇闷热天气，白天亦有大量鱼虫上浮。浮游生物的这种活动规律非常明显，捕捞"鱼虫"时一定要掌握这种规律。

捕捞浮游鱼虫的传统工具，一般用大布兜子。一般可用 6 毫米的钢筋卷成直径 15 厘米的圆圈，并固定在竹竿的一端（竹竿长 1.5~2 米），然后用细纱布制成长 1 米、口直径 16 厘米、尾直径 6 厘米的圆筒状网。网底不缝合（使用时以细绳系紧即可），网口用线缠附在钢筋圆圈上，并缠附上与圆圈大小相同的塑料窗纱即可。根据鱼虫（蚤类）活动规律，黎明或傍晚外出捕捞最为合适。捕捞时，捕饵网要紧贴水面左右摆动，或划圈动作，吃水不能太深，动作应轻快敏捷，避免用力过猛冲散鱼虫群。若见水面鱼虫呈棕红色网状分布，则说明鱼虫数量较多，可用加长竹竿捕捞。另外，在冬季，鱼虫繁殖量减少，加上气温降低，且潜入水底越冬，捕捞时需加长网柄和网兜，深入到水的中、下层，沿圆圈形走向来回捕捞。

鱼虫捞回后立即倒入盛有清水的缸内，接着用大布兜子将鱼虫捞至另一清水缸内，如此反复 3~4 次，待所有和鱼虫混杂的污泥浊水清洗干净，鱼虫的颜色也由刚捞回时的酱紫色变为鲜红色时，才可以用来喂蝌蚪，以免将天然水域中的敌害生物及致病细菌带入蝌蚪池。另外，人工密集养鱼池塘往往含有大量的致病菌，捞回鱼虫饲喂中华大蟾蜍，可能将致病菌带入养殖水体，造成传染病，最好不要到精养鱼池里去捕捞。

3. 水蚯蚓的捕捞

水蚯蚓又名丝蚯蚓、红丝虫、赤线虫等，属环节动物中水生寡毛类，主要包括颤蚓和丝蚓。水蚯蚓样子像蚯蚓幼体，体色鲜红或青灰色，细长，一般长 4 厘米左右，最长可达 10 厘米，其蛋白质含量高、营养丰富。用水蚯蚓饲喂的动物抗病力强、生长快、成活率高。因此，它成为发展特种养殖业的优质鲜活饲料。水蚯蚓分布范围广泛，生活在污泥肥沃的江河浅滩处，呈片状分布，喜欢偏酸性、富含有机质、水流缓慢或受潮汐影响时干时旱的淡水水域。水蚯蚓生长高峰期为 4～10 月，水温在 18～28℃时，最多可达 4～5 千克/米²。

水蚯蚓用的捕捞工具有长柄捞网、塑料盆或木盆（直径 70～90 厘米、高 20 厘米）、水裤和塑胶手套盆。长柄捞网网身长 1 米左右，用每厘米 8 目的密眼塑料纱网缝制呈鼓腰形的长袋，即上口直径 15 厘米、中腰直径 40 厘米、下底直径 30 厘米；下底不缝合，用时用绳扎牢；袋口固定在网圈上；网圈用直径 8～10 毫米的钢筋制成，网圈直径略小于网身上口直径；网圈牢固地安装在直径 4～5 厘米、长 2 米的木柄或竹竿上。水蚯蚓喜生活于淤泥的表层，在微流水中扎堆成块状或带状。采集时，操作者穿好下水裤，戴上手套，手持捞网，慢慢捞起水底表层浮泥，捞到一定量后，提起网袋，在水中反复漂洗，以洗掉夹杂的泥浆和细沙。漂洗完毕，即可将水蚯蚓装入事先准备好的塑料编织袋中。

五、中华大蟾蜍活饵的人工培育

（一）蝌蚪活饵的人工培育

1. 浮游生物的培育

浮游生物是蝌蚪的主要天然饲料。在中华大蟾蜍卵开始孵化前时向蝌蚪池中投放发酵腐熟的牛粪、猪粪或鸡粪等有机肥；施肥量依池水的肥瘦而定，一般每平方米施肥 0.5～1 千克。当蝌蚪下池时，池中就会有浮游植物供蝌蚪摄食。浮游生物培育也可在一个固定的小池中投培育，当池中能繁殖出大量的浮游生物时，可将带有浮游生物的池水定期泼入蝌蚪池，供蝌蚪摄食。

2. 草履虫的培育

草履虫属于原生动物门、纤毛纲，是一类体形较大的单细胞动物，在自然界广泛分布，是中华大蟾蜍幼体培育阶段的理想活饵料。草履虫通常生活在水流速度不大的水沟、池塘和稻田中，大多积聚在有机质丰富、光线充足的水面附近。当水温在 14～22℃时，繁殖最旺盛，数目最多。

草履虫培养一般采用稻草水。取新鲜洁净的稻草，去掉上端和基部的几节，将中部稻茎剪成 3～4 厘米长的小段，按 1 克稻草加清水 100 毫升的比例放入大烧杯中，加热煮沸 10～15 分钟，当液体呈现黄褐色时停止加热。为了防止空气中其他原生动物的包囊落入和蚊虫产卵，可用双层纱将烧杯口包严，放置在温暖明亮处进行细菌繁殖。经过 3～4 天，稻草中的枯草杆菌的芽孢开始萌发，并依靠稻草液中的丰富养料迅速繁殖，液体逐渐浑浊，等到大量细菌在液体表面形成了一层灰白色薄膜时，培养液便制成了。然后将采集来的草履虫转移到培养液进行接种。接种时，先将含有草履虫的水液吸到表面皿中，再将表面皿置于低倍显微镜或解剖镜下检查，发现有草履虫后，用口径不大于 0.2 毫米的微吸管，将表面皿中草履虫逐个吸出，接种到盛有培养液的广口瓶中进行繁殖。接种有草履虫的培养液的广口瓶，放在温暖明亮处进行培养，培养液的容器口要用纱布包严。大约 1 周后，就会有大量草履虫出现。草履虫繁殖数量达到顶峰时，如不及时捞取，次日便会大量死亡。因此一定要每天捞取，同时补充培养液，如此连续培养，连续捞取，就可不断地提供活饵。

3. 水蚤的培育

水蚤俗称"红虫"，是枝角类动物的通称，属无脊椎动物，节肢动物门、甲壳纲、鳃足亚纲、水蚤科。水蚤的营养价值很高，特别是蛋白质含量（占干重的 40%～60%）高于国产鱼粉，接近于秘鲁鱼粉，而且蛋白质中富含畜禽及鱼类所需的各种必需氨基酸，是一种优良的动物蛋白质饲料，是蝌蚪培育阶段的好饵料。

水蚤培育首先需从野外捞取水蚤，放入瓶或罐中，并放入适量蛋黄粉或豆浆进行繁殖，作为种苗供应，然后在池中进行繁养。培育水蚤用土池和水泥池均可。池深约 1 米，大小以 10～30 米^2 的长方形为宜。培养前排干池水，在池底撒上少量生石灰进行消毒，2 天后再撒上发酵腐熟的含水量约 70% 的牛粪、猪粪、鸡粪，每平方米约 5 千克。让日光晒 3～5 天后灌水至 50 厘米深，1 天后按每平方米水体接种 30～50 克蚤种。几天后，池水变绿时再加水至 60 厘米深，再过 10 天左右池中便有大量的水蚤，此时可用网捞取水蚤饲喂大蝌蚪。然后每周再向培养池撒上述有机肥 1 千克/米^2，并加注新水。这样，池中的水蚤就能不断繁殖，每天都可以捞取水蚤。一般每隔 1～2 天捞取一次，一次捞取总量的 10%～20%。在人工养殖过程中要防止饵料不足、水温太高、水质变坏，并应及时清除池内的丝状绿藻或团藻，必要时要清池重新培养。

4. 水蚯蚓的培育

在水蚯蚓养殖中，比较常见、分布范围较广、数量比较大、比较适合养殖的种类有苏氏尾鳃蚓、霍甫水丝蚓、中华颤蚓、淡水单孔蚓等。由于水蚯蚓对环境适应性强，易于培育，增殖速度快，而且其营养全面、适口性好、不坏水质，是中华大蟾蜍的优良天然饵料。水蚯蚓的培育可以采用池养，亦可田养，还可利用现成的沟、渠、坑等水体进行培养。以池养的产量最高。

培育水蚯蚓宜选水源良好，最好有微水流，土质疏松、腐殖质丰富的避光处建池。池长、宽、深分别为 5 米、1 米、0.5 米，池端分设进水口和排水口，进、排水口设置金属网拦栅，以防鱼、虾、螺等敌害随水闯入池中。培养池里淹没培养基的水层一般保持在 3～5 厘米。池堤边种丝瓜等攀援植物遮阳。

优质的培养基是缩短水蚯蚓采收周期从而获得高产的关键。一般选择腐殖质和有机碎屑丰富的污泥作为培养基料。培养基的厚度以 10 厘米为宜，同时每平方米施入 7.5～10 千克牛粪或猪粪作基底肥，在下种前每平方米再施入米糠、麦麸、面粉各 1/3 的发酵混合饲料 150 克。

水蚯蚓对各种环境的适应能力很强，种源在各地都很丰富，可就近因地制宜捕捞天然蚓种。接种以每平方米培养面积以 250～500 克蚓种为宜。生产中，每 3 天投喂 1 次饵料，投喂量以每平方米 0.5 千克精料和 2 千克腐熟牛粪（牛粪一定要发酵腐熟），均匀撒泼。投饵时及稍后应停止进、排水。水深调控在 3～5 厘米，并保持细水长流。水 pH 值应控制在 5.6～9 范围内。池内若有发现水蚯蚓的敌害，应及时清除。

水蚯蚓的繁殖能力极强，孵出的幼蚓生长 20 多天就能产卵繁殖。每条成蚓 1 次可产卵茧几个到几十个，一生能产下 100 万～400 万个卵。新建蚓池接种 30 天后便进入繁殖高峰期，且能一直保持长盛不衰。但水蚯蚓的寿命不长，一般只有 80 天左右，少数能活到 120 天。因此及时收蚓也是获得高产的关键措施之一。采收方法是：采取头一天晚上断水或减小水流量，造成蚓池缺氧，第二天一早便可很方便地用聚乙烯网布做成的小抄网舀取水中蚓团。每次蚓体的采收量以捞光培养基面上的"蚓团"为准。这样的采收量既不影响其群体繁殖力，也不会因采收不及时导致蚓体衰老死亡而降低产量。

5. 摇蚊幼虫

摇蚊幼虫又名血虫，是昆虫纲双翅目摇蚊科幼虫的总称，在各类水体中都有广泛的分布，在全世界已经鉴定的约 3500 多种。摇蚊幼虫虫体营养全面，虫体中含干物质为 1.4%；干物质中，蛋白质含量为 41%～62%，脂肪为 2%～8%，其大小适宜，适口性好，是中华大蟾蜍蝌蚪的优良饵料。

摇蚊幼虫培育池的大小、深浅、结构等都没有特别的要求，最好选择池深 50 厘米左右的水泥池，池底均匀铺上 5～8 厘米厚富含有机物的淤泥（泥土粒径＜80 目）并加 20～30 厘米深的水。每 100 米^2 施用经发酵的猪粪等有机肥 150 千克。在施用有机肥后，用 1×10^{-6} 漂白粉带水消毒。

每年的春季，当水温上升到 14℃以上，气温在 17℃以上时，自然会有很多摇蚊在培育池中产卵繁殖；经 2～7 天便孵化出膜。刚孵化的摇蚊幼虫营浮游生活，生活期为 3～6 天，以各种浮游生物、菌胶团和有机碎屑等为食。在这一期间应经常向池中泼洒发酵过的有机肥，使池水维持较高的肥度。浮游生活之后，摇蚊幼虫逐渐转为底栖生活，主要以有机碎屑为食。这一期间要定期向池中泼洒发酵过的有机肥或直接在池中投放陆草，让陆草腐烂发酵。在光照强烈的夏季，要适当加深池水，使池水深度维持在 40～50 厘米，或在池子的上方加盖凉棚、搭设葡萄架等。培养摇蚊幼虫的池水不需加以特别管理；但如果池水过于老化，而变成臭清水，光线大量透射到水底时，会影响摇蚊幼虫的生活。此时可更换部分池水，并向池中适当施发酵过的有机肥。

摇蚊幼虫的生长发育速度很快，摇蚊幼虫的生物量全年都能维持在较高的水平。大多数摇蚊在春夏两季都各能完成一个世代。摇蚊幼虫的捕捞可根据摇蚊幼虫生长情况而定，一般初次采收时间为施入底肥的 15 天后，或为添加粪肥后的 4～5 天后，当摇蚊幼虫个体长到最大，还未羽化前进行采收最佳。每个养殖池在其摇蚊幼虫高峰期可连续采收 3～5 天。捕捞前，先用孔径为 1.5 毫米左右的网将池中大颗粒的烂草败叶捞去，然后排去部分池水，再铲取底泥，用孔径为 0.6 毫米的筛网筛去淤泥，即可取得摇蚊幼虫。

(二) 幼蟾、成蟾活饵料的培育

1. 黄粉虫的培育

黄粉虫俗称面包虫，属昆虫纲、鞘翅目、拟步甲科、粉虫属。黄粉虫原是一种世界性的仓库害虫，自19世纪以来，人们开始养殖和利用黄粉虫。黄粉虫幼虫是一种软体多汁动物，含粗蛋白51%，脂肪28.56%，糖类23.76%，是人工养殖中华大蟾蜍的好饵料。

(1) 生活习性

黄粉虫成虫体长约18毫米，体长呈长椭圆形，深褐色，有光泽，腹面与足褐色，有触角、鞘翅。成虫喜欢在夜间活动，爬行迅速，不飞行。虫卵白色，椭圆形，长约1.3毫米。虫卵在20~25℃之间，经过5~6天就可孵化出幼虫。初孵出的幼虫白色，后转黄褐色，节间和腹面淡黄色。老熟幼虫体长28~33毫米。幼虫喜欢群集。在幼虫生长过程中，第一次蜕皮后，以后每隔6~7天蜕皮1次，幼虫期共蜕皮6~7次。每次蜕皮虫体就增大一些。幼虫长到50天以后，开始化蛹，蛹长15~20毫米，淡褐色，鞘翅短，呈弯曲状。室温在20℃以上和湿度在60%~80%时，蛹经7~9天羽化为成虫。

黄粉虫爱吃杂粮，主要饲料是麦麸和米糠。幼虫和成虫在缺食时会互相残杀，因此要按不同虫态期的发育阶段，分别饲养。黄粉虫对光的反应不强烈，但强光照射不利于其生长、发育。室温在13℃以上时取食，在5℃以下进入冬眠，在35℃以上停止生长，在25~30℃之间生长繁殖旺盛。在自然温度条件下，每年可繁殖2~3次。在人工饲养条件下，完成一个生长周期约需3个月，全年都可以生长繁殖。黄粉虫为雌雄异体，是一生多次交配、多次产卵的昆虫。成虫羽化3~5天后性成熟，便开始自由交配，在交配后1~2个月为产卵盛期。每只雌虫产卵80~600粒，平均为260粒。如采用配合饲料，提供适当温度、湿度，加强护理，每只雌虫产卵量可达880粒以上。

(2) 培育用具

黄粉虫培育技术较为简单，可进行大面积的工厂化培育。培育室要求门窗装纱网，能防鼠、苍蝇、蚊子；屋外四周有防蚂蚁的水沟；室内装有天花板，冬暖夏凉，有加温设备，以保持秋冬和春季黄粉虫繁殖生长所需的温度，室内地面用水泥抹平。培育室内安装若干排木架或（铁架），每只木架分 3～4 层，每层间隔 50 厘米，每层放置一个培育槽。

培育槽有两种，一种是种成虫槽，一种是幼虫槽与孵化槽。种成虫槽长 60 厘米、宽 40 厘米、高 6 厘米，底为 18 目铁纱网，网眼大小使成虫可伸出腹端产卵管至铁纱网下麸皮中产卵为宜，但不能使整个身体钻出网外。四面侧壁上缘平贴宽 2 厘米左右的透明胶带，以防成虫爬出箱外。每个种虫槽网下均垫一块面积略大于网底的胶合板，胶合板上垫一张同等大小的旧报纸，铁纱网与旧报纸间匀撒并填满麸皮，铁纱网上放些颗粒饵料和切碎的叶菜。每个种虫槽内养成虫 200～1000 克（2000～10000 只）。

幼虫槽与孵化槽一般长 60 厘米、宽 40 厘米、高 8 厘米，塑料或木质均可（1～2 月龄以上的幼虫应养于木质虫箱），木制虫槽四壁及底面均不得有缝隙，侧壁上缘也应贴胶带或上油漆，以防小虫外逃。幼虫槽和孵化槽箱底面用塑料或木质底板，而不用铁纱网。

（3）黄粉虫的饲料

黄粉虫属杂食性昆虫，吃各种粮食、油料和饼粕加工的副产品，也吃各种蔬菜叶。人工培育时，应该喂多种饲料制成的配合饲料（参见表 4-5、表 4-6）。

表 4-5　幼虫常用饲料配方　　　　　　　　　　　　　%

成分	配方 1	配方 2	配方 3	配方 4
麦麸	70	70	40	70
玉米粉	25	20	40	24
食糖				0.5
芝麻饼		9		
鱼骨粉		1		
豆饼			18	
大豆	4.5		0.5	5
复合维生素	0.5		1.5	0.5

表 4-6　成虫常用饲料配方　　　　　　　　　　%

成分	配方 1	配方 2	配方 3	配方 4	配方 5
麦麸	75		55	45	75
玉米粉	15			35	15
纯麦粉		95			
马铃薯			30		
胡萝卜			13		
食糖	4	2	2		
鱼粉	4				5
豆饼				18	
大豆					
食盐				1.5	1.2
复合维生素	0.8	0.4		0.5	0.8
饲用混合盐	1.2	2.4			
蜂王浆		0.2			

（4）种成虫的选留与饲养管理

种成虫应从生长快、肥壮的老熟幼虫箱中选择刚变出的健康、肥壮蛹。挑蛹前要洗手，以防化学药品（烟、酒、化妆品等）损害蛹体。为防止被幼虫将蛹咬伤，选蛹要在化蛹后 8 小时内进行。每槽选留蛹 1.2 千克，约在 0.25 米^2 的槽内选放 2500～10000 只均匀铺一层在槽底，其上平盖一张旧报纸。蛹在槽底不能堆积成厚层、不能挤压，放后不能翻动、撞击。将装有蛹的孵化槽送入种成虫室后，将蛹羽化温度控制在 25～30℃，空气相对湿度 65%～75%，6～8 天即有 90% 以上的蛹羽化为成虫。为防早羽化的成虫咬伤未羽化的蛹体，每天早晚要将盖蛹的旧报纸轻轻揭起，将爬附在旧报纸下面的成虫轻轻抖入种虫槽内。如此经 2～3 天操作，可收取 90% 的健康羽化成虫。每个种虫槽放种成虫 1 千克，约 1万只。

蛹羽化后 1～3 天，种成虫活动由弱变强，此期间可不投喂饲料。羽化后第 4 天，成虫开始交配、产卵，进入繁殖高峰期，除提供产卵条件外，每天早、晚投放适量配合饲料，另加适量的富含水分、维生素的叶菜类。饲料投喂量以上次投后刚能吃完为准，如上次投的配合饲料未吃完，不必清除，适当补加一部分即可。上次未吃完的叶菜类往往干燥后卷缩，隔日从种成虫槽内收集后，放在该槽槽底取出的旧报纸上方麸皮内，再将旧报纸（上面匀铺有麸皮及少量卷缩的残余叶菜类碎片，其内均有成虫产的卵）依次层叠放在一个孵化槽中。依据成虫的产卵能力及麸皮内卵的数目，种成虫槽每隔 2 天更换 1 次旧报纸及其上面的麸皮。种成虫产卵 2 个月后，已过产卵高峰期，生产能力下降，这时应将全箱成虫淘汰，以新成虫取代。淘汰的种成虫可作饵料投喂中华大蟾蜍。种成虫应饲养在 25～32℃、相对湿度 65％～70％ 的黑暗或弱光环境中。在良好饲养管理下，每千克种成虫 2 个月内约可产卵 60 万粒，孵出幼虫 50 万只，经饲养 3～4 个月，可收获老熟幼虫 40 千克。

（5）孵化期的管理

放置好孵化槽，要求充分利用空间、方便管理，利于通风、控温、控湿；提供最适温度 21～27℃，相对湿度 65％；防止天敌侵害；孵化后期及时将孵化箱移至幼虫室，并及时运进新卵箱进行孵化，安排好流水作业，不使黄粉虫生产中断。

（6）幼虫的饲养管理

饲养黄粉虫的目的是要获得大老熟幼虫，作为中华大蟾蜍的活饵。因此，幼虫饲养管理至关重要。

① 小幼虫的饲养管理。0～1 月龄、体长 1 厘米以下的幼虫称为小幼虫。黄粉虫卵经 6～7 天孵化后，头部先钻出卵壳，体长约 2 毫米。它啃食部分卵壳后爬至孵化槽麸皮内，并以麸皮为食。此时应去掉旧报纸，将麸皮连同小幼虫抖入槽内饲养。在正常饲养管理条件下，至 1 月龄时的幼虫约有成活率约为 90％。小幼虫孵出后应立即供给饲料，否则小幼虫会啃食卵和刚孵出的幼虫。每次放麸皮约 1 厘米厚，麸皮表面撒些碎叶菜。当麸皮吃完，均变为微球形虫粪时，可适当撒布一些麸皮。这期间的管理主要是控制料温在 20～30℃ 之间（最适料温为 27℃ 左右），空气湿度为 65％～70％。要特别注意的是养虫数量多、密度大时，因虫体运动相互摩擦，常使料温高于室温，因此温度控制必须以料温为准。1 月龄时即用 80 目丝网过筛，筛去虫粪后将剩下的中幼虫均匀分至 2 个中幼虫槽中饲养。

② 中幼虫的饲养管理。1～2 月龄、体长 1～2 厘米的幼虫称中幼虫。1～2 月龄的中幼虫生长发育增快，耗料渐多，排粪也增多。每天早晚各投喂麸皮、叶菜类碎片 1 次。麸皮、叶菜类碎片日投喂

量各为中幼虫体重的 10％左右。实际喂量要看虫体健康、虫日龄、环境条件（如温、湿度）等灵活掌握；每 7～10 天筛除虫粪 1 次，筛孔约 40 目；2 月龄时筛除粪后，将每槽幼虫分成 2 份，放入大幼虫槽。通过 1 个月饲养，中幼虫经第 5～8 次蜕皮，体长可达10～20 毫米，体宽 1～2 毫米，每条体重 0.07～0.15 克。中幼虫在环境控制上应做到：将虫群内温度控制在 20～32℃（最适温度27℃左右），空气相对湿度为 65％～70％，室内黑暗或弱光。

③ 大幼虫的饲养管理。2 月龄后，体长 2 厘米以上的幼虫称为大幼虫，变蛹前幼虫称为老熟幼虫。2 月龄的大幼虫摄食多、生长发育快、排粪也多。当蜕皮第 13～15 次后即成为老熟幼虫。大幼虫群集厚度 1～1.5 厘米，不得厚于 2 厘米。老熟幼虫摄食渐少，不久则变为蛹。当老熟幼虫体长达到 22～32 毫米时，体重达0.13～0.26 克，体重达到高峰，是作活饵的最佳期。大幼虫日耗料为自身体重的 20％左右，其中麸皮和鲜叶菜各占一半。大幼虫饲养管理要做到供料充分，做到当日投料，当日吃完，粪化率达90％以上；每 5～7 日筛粪 1 次；投喂叶菜要求新鲜，但含水量不宜过大，特别是雨天饲喂，菜要晾干；当出现部分老熟幼虫逐渐变蛹时，应及时挑出留种，以避免幼虫啃食蛹体。如不需留种者，则应在变蛹前将老熟幼虫用作活饵。大幼虫在环境控制上应做到料温控制在 20～32℃，最适料温 27℃左右，空气相对湿度 65％～70％。此外，还要注意防止大幼虫从箱中外逃或天敌入槽危害。当黄粉虫长到 2～3 厘米时，除筛选留足良种外，其余均可作为饵料用。使用时可直接用活虫投喂。

（7）病虫防治　黄粉虫抵抗能力强，很少发病。但管理不当、气温过高、饲料过湿等也会引起黄粉虫患软腐病或干枯病。所以，日常管理应注意清理残食，通风降湿。除此之外，要注意饲料带螨，饲料有螨的可用日晒处理。如一旦发现黄粉虫患螨病，可用40％三氯杀螨醇 1000 倍稀释液喷杀。

2. 家蝇的人工养殖

家蝇的幼虫称为蝇蛆。蝇蛆以畜禽粪便为食，其生长繁殖速度极快，据推测，一对家蝇 4 个月能繁殖 2000 个蛆，从卵发育到成虫仅需 10～11 天。而且其人工培育技术简单不需很多设备，室内室外、城市农村均可养殖。鲜蛆含粗蛋白 15％、粗脂肪 5.8％，是比较好的饵料。

（1）家蝇的生活习性

家蝇是完全变态昆虫，它的发育过程经过卵、幼虫、蛹、成虫（即蝇）4 各阶段（见图 4-2）。家蝇卵乳白色，呈长椭圆形，长约 1 毫米，雌蝇将卵产于粪便和垃圾上。卵经 8～15 小时孵化，孵化出蝇蛆，刚孵出的蛆长 2 毫米，无足，透明，随后逐渐变成淡黄色。约经 4 天，蜕皮 3 次，钻入土中化蛹。蛹期有时可长达数周。羽化后成虫从土中爬出。家蝇羽化后 5 天，雌蝇即交配产卵，随后每隔 2～3 天产卵一次。每只雌蝇一般产卵 4～6 次，每次约 100 粒，一生平均产卵 500 粒，最多可达 2000 粒。

图 4-2　家蝇的生活史

（2）饲养用具

① 蝇房。蝇房可利用废旧房物改建，蝇房的具体结构、规模、形状可因地制宜，不强求一致，适用即可。资金充足时，可构建防寒保温室，进行常年性养殖；资金不足时可搞大棚式的季节性养殖。一般新建蝇房应为一排坐北朝南的单列平板房舍。北面设封闭式走廊，中间有一操作间，前后开门。两边蝇房北面开门，由工作间后门通向走廊进入，南面设若干 1.7 米×1.8 米的玻璃窗，每间容积 38.5 米^3（2.5 米×5.5 米×2.8 米），根据需要设纱门、纱窗、排风扇和地下火道等。这种蝇房开间大小适宜、利用率高、阳光充沛、通风良好。北面的走廊能有效地阻止成蝇外逃，冬季还能缓冲北风侵袭，利于室内保温。为适应周年饲养需要，室内育蛆应备有加温、保温设备。如电炉、红外线加热器、油灯等。成蝇房养时，在淘汰成蝇后也应彻底清洗地面及四周壁面，用紫外线消毒 2～3 小时。

② 蝇笼。种蝇笼的大小依据家蝇的规模来确定。一般用木条、钢筋或铁丝做成 50 厘米×80 厘米×90 厘米的长方形骨架，在四周蒙上塑料窗纱、纱布或细眼铜丝网。同时在蝇笼一侧留一个直径为 20 厘米的孔，并接上一个长 30 厘米的袖，以便喂食和操作（见图 4-3）。种蝇笼内，还应配备 1 个饲料盘、1 个饮水缸，产卵时需适时加入产卵缸。蝇笼宜放置在室内光线充足而不直射阳光之处。为了充分利用空间，根据种蝇笼的规格、饲养量及蝇房的大小自行设计笼架，将蝇笼几层重叠放置。

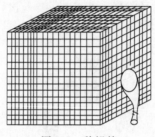

图 4-3　种蝇笼

③ 养蛆池。养蛆池由外池、投食池、集蛆桶三部分组成（见图 4-4）。

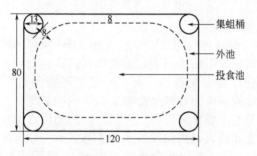

图 4-4　养蛆池正视示意图（单位：厘米）

外池与投食池为砖混结构。外池长 120 厘米、宽 80 厘米、池壁高 12 厘米，池壁、底用砂浆抹光。日常要保持外池壁干燥，以防止幼蛆爬出池外。

投食池池底低于外池底 5 厘米，池壁呈斜坡状，四角弧形，池壁上沿距集蛆桶、外池内壁均为 8 厘米，池壁、底用水泥砂浆抹光。投食池中可投糊状蛆食 20～30 千克，蛆食不可溢出，以免收取的幼蛆沾有食渣。高温期定期喷水于蛆食上，防止蛆食表面干。大量幼蛆爬出食堆后应及时清废料，重新投食、投卵。

集蛆桶为内径 13 厘米、高 18 厘米、内壁光滑的塑料桶四个，嵌于外池四角。集蛆桶可取出，桶外沿与外池底不能有大的缝隙，以免幼蛆爬入。幼蛆集到距集蛆桶上沿 10 厘米时即可收取，以免幼蛆爬出桶外及桶底的蛆死亡。收取时，取出集蛆桶，倒出幼蛆即可。

养蛆池可根据地势和便于操作改变池大小。建造时可连着建数排养蛆池，每两排中间留 120 厘米过道。上搭塑料棚防雨。

（3）饲料

1）成蝇饲料配方。成蝇营养状况与产卵量的多少密切相关，其饲料原料主要有奶粉、红糖、白糖、鱼粉、蝇蛆浆、糖化发酵麦麸、糖化面粉糊、蚯蚓浆等。配制成蝇饲料时需要含有足够的蛋白质及糖类，成蝇饲料可制成干料，也可制成湿料。干料具有便于保存、购买方便等优点，而且不像湿料那样容易粘住家蝇腿使之不能起飞而导致死亡。所以，家蝇饲料一般以制成干料为好。根据家蝇生长发育需要，可以采用如下配合方式配合饲喂：奶粉＋红糖；牛奶（羊奶）＋红糖；熟蛋黄＋红糖；鱼粉（蛆粉）＋红糖；蛆浆＋红糖；豆粉（面粉）＋红糖。以上这些饲料中，奶粉＋红糖最好。另外，刚羽化出来的成蝇体弱，没力气，饲喂蛆浆或牛奶，容易被粘住而死，所以刚羽化出来的家蝇最好还是喂奶粉为宜。

2）幼虫饲料配方。家蝇幼虫蝇蛆的饲料相当广泛，养殖时家蝇幼虫饲料配制应遵循饲料原料来源广、利用方便、价格便宜、安全的宗旨，充分利用当地资源。除麦麸外，豆面、酒糟、豆渣、酱油渣、葵花皮、玉米轴粉、鸡粪、猪粪、牛粪、烂鱼等都是蝇蛆的好饵料。实践中，家蝇幼虫饲料配方常用的有：①猪粪 80％＋酒糟 10％＋玉米或麦麸 10％；②猪粪 60％＋鸡粪 40％；③鸡粪 60％＋猪粪 40％；④鸡粪 100％；⑤屠宰场新鲜猪粪（猪拉下 3 天以内）100％；⑥牛粪 30％＋猪粪或鸡粪 60％＋米糠或玉米粉 10％；⑦豆腐渣或糖渣、木薯渣 20％～50％＋鸡猪粪 50％～80％；⑧鸡粪 70％＋酒糟 30％；⑨啤酒糟 17％＋玉米粉 3％＋新鲜猪粪 80％；⑩啤酒糟 90％＋玉米粉 10％。

上述配方以①、②、③、⑦蛆产量较高。使用时要求充分拌匀后进行发酵。发酵的方法有两种。①水发酵技术。在池中先放 30 厘米深的水，加入少量发酵粉和 EM 细菌，把粪倒入池中，搅拌一下，用膜密封，3 天后粪开始浮起于水面，第 5～6 天时取浮起的粪送入蛆房养蛆。此技术最大的优点就是蛆的生长速度和爬出速度都快，还可在一定程度上消除对苍蝇产生有害的气体，降低死亡率；缺点是从水中捞起粪料太麻烦。此发酵技术较适合从屠宰场出来的较粗的粪料。②普通发酵方法。把粪料配制好后均匀地加入少量 EM 活性细菌（每吨粪料加 5 千克），用膜密封在室外阳光下发酵，在第 3 天把粪翻动，再加入 3 千克 EM 活性细菌拌入粪中。高温腐熟粪料 6 天以上即可使用。此方法简单，产量较高，猪、鸡等粪料都适合此项技术。但由于黏性较重，蛆爬出较慢，部分蛆到爬不出而因此在粪中变成了蛹。

（4）种蝇的饲养管理

① 将蝇蛹放入蝇笼。羽化缸可用食用玻璃罐或瓶。将已清洗、消毒并已晾干的留种用的蛹计量后放入羽化缸中，表面覆盖潮湿的木屑或幼虫吃过的潮湿的培养料，放入已准备好的蝇笼中（1～2 个羽化缸/笼），待其羽化。

② 环境控制。饲养家蝇以温度 25～30℃、空气相对湿度 50%～80% 为宜。家蝇成蝇在此条件下，经 3～4 天即可羽化。盛夏天气炎热时，可以通风散水降温，有条件的可以安装控温仪和通风扇并配上湿度计。适宜的光照可刺激成蝇采食、产卵，成蝇的光照以每日 10～11 小时为宜。随时检查有无敌害，如蚂蚁、蜘蛛、壁虎等。

③ 成蝇饲喂。将家蝇蛹接入种蝇笼或蝇房后，一般经 4～5 天即可羽化，当蛹有 5% 左右羽化为成蝇时应及时供给饵料、清水。饲料供应量以当天吃光为原则。以 1 万只种蝇每日饲料用量计，需奶粉 5 克、糖 5 克。饲喂时按上述比例混合后，加适量水煮沸，冷却后装入一个小盆内，小盆中放入几根短稻草，以供种蝇舔吸；或直接用器皿盛放奶粉、红糖喂食。温度较低时，可在每天上午将饲料盘取出清洗并添加新的饲料，同时更换清水。夏季高温季节，每天上、下午各喂一次饵料。

④ 成蝇的管理。人工养殖蝇蛆应充分地利用养殖空间，以达

到高产目的。试验表明：蝇笼饲养每只种蝇最佳空间为 11～13 厘米^3。房养成蝇的密度，春秋季每立方米空间放养 2 万～3 万只成蝇；在夏季高温季节，以每立方米空间放养 1 万～2 万只成蝇为宜，如果房舍通风降温设施完善，还可适当增加饲养密度。

蝇群结构是指不同日龄种蝇在整个蝇群中的比例。种群群体结构是否合理，直接影响到产量的稳定性、生产连续性和日产鲜蛆量的高低。控制蝇群结构的主要方法是掌握较为准确的投蛹数量及投放时间。为了连续生产，一般可采用两种方式：循环生产方式和全进全出方式。循环生产方式为每隔 6～7 天投放一次蝇蛹，每次投蛹数量为所需蝇群总量的 1/3；这样，鲜蛆产量曲线比较平稳，蝇群亦相对稳定，工作量小，易于操作。循环方式的优点是卵量稳定，可保证蝇蛆稳定生产，种蝇管理工作量小。缺点是大量不产卵的种蝇仍占有大量的空间，消耗大量的饲料，且长时间不对蝇笼清洗消毒，造成种蝇患病的风险增大。为解决这一问题，可采用定时按比例更换蝇笼的方法。全进全出方式就是除旧更新，在 15～20 天，所有的种蝇全部处死，然后将蝇笼窗纱摘下，清洗消毒后，重新加入即将羽化的蝇蛹，开始新一轮的种蝇饲养。应用这一方式需每天淘汰一定比例的笼内种蝇，可以提高养殖空间利用率，减少饲料浪费，但比较费工。

⑤ 成蝇产卵与卵的收集。蝇蛹羽化后不久即交配产卵，所以在羽化后 3 天就要在蝇房或蝇笼中放入产卵缸，同时取出羽化缸。产卵缸可以是不透明的塑料盘、塑料碗或碟、瓷盘等。麸皮是比较稳定可靠的优良产卵物质，使用时，将麸皮用水调拌均匀（含水量 65％～75％），然后将其装入产卵缸，高度达到产卵缸深度的 2/3 为宜，然后在麸皮上滴几滴万分之一到万分之三的碳酸铵水溶液，放入笼内引诱雌蝇集中产卵。种蝇日产卵高峰在 8：00～15：00 之间，放置产卵缸应在早上 8 点之前，收集卵块应在 16：00 以后，也可于每日的 12：00 和 16：00 收集卵块。收集卵时，可从蝇笼中取出有卵的麸、糠料及蝇卵一并倒入幼虫培养基中培养。从蝇笼内取出产卵缸时，要防止将成虫带出笼外。

（5）蝇蛆（幼虫）的饲养管理

1）接卵。接卵时，一定不要将卵块破坏或者将卵按入培养料底部，以免蝇卵块缺氧窒息孵不出小幼虫。也不能将卵块暴露在表层，这样易使卵失去水分不能孵出幼虫。最好的接卵方法是用勺子或大镊子将产卵缸中培养料以不破坏形状放入到孵化盘中，在卵上薄薄撒上一层拌湿的麸皮，使卵既通气又保湿。接卵时需注意最好不要将第 1 天和第 2 天收集到的卵混合，以免其孵化期不同，造成不同日龄的蝇蛆之间抢食。

2）添加饲料。室内以养蛆池的幼虫，能消耗相当体重 10 倍的食物。幼虫从卵中孵化后即从饲料表面往下层蛀取食，至 3 龄老熟后再返回表面化蛹。适时的饲料添加可避免用料过厚、增温过高所造成的幼虫逃逸和培养料下部发酵所造成的饵料浪费。用农产品下脚料饲养时要注意观察，若饲料不足时应及时补充，发霉结块是要及时处理，防止幼虫外逃。用畜禽粪料饲养时起初含水量高，有臭味，在幼虫不断取食活动下，粪就逐渐变得松散，臭味减少，含水量降低，当含水量下降到约 50％时，体积大大减少，因此，应注意及时补充新鲜粪料，以免粪料不足令幼虫爬出池外。

3）饲养密度。家蝇是一耐高密度饲养的种群。幼虫饲养密度因培养基质不同而异，以麦麸为培养基每 5 千克（含水 65％）放蝇卵 4 克，平均可产幼虫 533 克；以鸡粪为培养基为每 5 千克（含水 65％），放蝇卵 4 克，可产幼虫 490 克。

4）控制环境。室内育蛆时，首先在房内修建保温、加湿、通风设施，然后修建养蛆池多个，要及时收获蝇蛆，及时把收获的蝇蛆拿走，否则人工生产的大量苍蝇，飞出蝇蛆养殖场将给人们带来很大危害。

5）蛆的分离回收。蝇卵孵化后，经过 4 天的培养，若不留种即可进行分离待用。若留作种蝇需继续培养直至化蛹。

① 人工分离法。分离幼虫时，利用幼虫的负趋光性，将要分离的蛆培养盘放到有光线的地方，由于蛆畏光，向下爬，这时可用铲子将上部废料轻轻铲出，反复进行多次，直至把废料去净为止。

② 筛分离法。将要分离的蛆连同饲料一齐倒入分离筛中，蛆逐渐向饵料下层蠕动，并通过筛孔掉到下面的容器内，而废料留在上面，达到分离目的。具体操作可参照以下方法，利用分离箱（或池）（见图 4-5、图 4-6）将幼虫从培养基质中分离出来，分离时把混有大量幼虫的饲料放在筛板上，打开光源，人工搅动培养基质，幼虫见光即下钻，不断重复，直至分离干净；最后将筛网下的大量

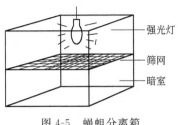

图 4-5 蝇蛆分离箱

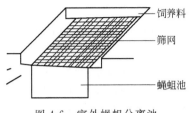

图 4-6 室外蝇蛆分离池

幼虫与少量培养基质，再用 16 目网筛振荡分离，即可达到彻底分离干净之目的。

（6）蛹的管理

① 留种蝇蛹的选留。留作种的蝇蛆经过 4～5 天的培育熟后即化蛹。有研究表明，蛹重与所羽化的家蝇成虫平均产卵量呈正相关。留种时应选择个体粗壮、生长整齐的蝇蛆，在化蛹前一天把蝇蛆从培养料中分离出来。方法是把表层的培养料清除，剩下少量的培养料和大量的蝇蛆，次日蝇蛆基本成蛹并在培养料上面，可将蛹转入羽化缸内并放入蝇笼内待其羽化成蝇。

② 蛹的保存。蝇蛆成熟后就会转化成蛹状。蛹不吃也不动。蝇蛆转化成蛹之后在不必要的情况下最好不要去惊动它，否则会影响羽化率。蝇蛹期虽然不吃不动，但仍然呼吸和消耗体内水分，仍需置于通风干燥处，不能放在密闭的容器内，而且要保存在一定湿度的环境中。当空气中湿度太小时，可通过喷水、盖布（湿）来保湿。将蛹箱送入种蝇室内后，不要翻动撞击。保存中要防止各种化学品（如烟、酒、化妆品、药剂等）与虫蛹接触，并注意防止蚂蚁。保存期间，仔细观察，及时拣出病死蛹。保存中要杜绝蛹及蛹羽化后外逃。蛹很长时间未见羽化的原因有以下几种：一是由于蝇蛆期间没有足够的养料，蛹是勉强变的；二是保存在高温干燥环境下，导致脱水死亡；三是被水浸泡时间过长。

3. 蚯蚓的培育

蚯蚓俗称曲蟮，中药称地龙，属于环节动物门寡毛纲的陆栖动物，在我国分布有 4 科、160 余种。据测试分析，蚯蚓干物质占鲜重的 12%～21%，水分含量 79%～83%，在蚯蚓干体中含蛋白质 53.5%～76.1%、糖原等碳水化合物 11%～17.4%、脂肪

12.89%、矿物质 7.8%～23%，还含有多种维生素及酶等物质。

（1）生活习性

蚯蚓雌雄同体，但繁殖时，通常是异体交配受精。在自然条件下，除了严冬或干旱之外，蚯蚓一般在暖和季节都能繁殖，但在温暖潮湿的季节繁殖快。蚯蚓通常在夜间交配，交配时间约 2 小时，交配时两条蚯蚓互相倒抱。交配后 1～12 天开始产卵，蚯蚓的卵由黏液包着的几个卵成团产出，称为卵茧或卵包。蚯蚓将卵茧产在进洞口深处约 1 厘米的土层里。卵茧形状及大小，根据蚯蚓的种类不同而有较大变化，通常椭圆形、卵圆形、麦粒形。大小如黄豆、小豆、麦粒，甚至有如小米粒，直径为 2～7.5 毫米。卵茧孵化至橙红色时幼蚓出壳，每个蚓茧一般有幼蚓 2～6 条。在温度 15～20℃时，经 14 天孵化出幼蚓，当温度升至 22～27℃时，6～7 天孵出幼蚓。在人工饲养条件下，蚯蚓生长繁殖较快，幼蚓养 30 天即可收获，饲养 35～40 天可成熟产卵，人工饲养 6 个月的种蚓则衰老，需要更新。

（2）蚯蚓的生长发育条件

① 温度。不同种类的蚯蚓，其生长发育的适宜温度有所不同，一般蚯蚓在 5～30℃的土壤温度范围内均可生长、繁殖。其中"太平 2 号"的生长适温范围为 5～32℃，最适宜温度为 23℃；赤子爱胜蚓的生长适温范围为 15～25℃，最适宜温度为 20℃。

② 湿度。蚯蚓喜欢温暖潮湿，蚯蚓的躯体经常处于湿润状态，以保证利用皮肤上的气孔进行呼吸。但太潮湿，易使蚯蚓身上的气孔堵塞致其死亡。一般养殖场的相对湿度在 60%～70%，饲料泥土湿度在 33%～40% 即可。饲料泥土中水分低于 18% 时，蚯蚓因水分不足会纷纷外逃；低于 10% 时，蚯蚓卷曲休克，变干死亡。

③ pH 值。多数蚯蚓适宜在中性土壤中生活，对弱酸、弱碱条件都有一定的适应性。其生长发育最适宜的 pH 为 5.8～7.6。当 pH 低于 5.2 或高于 8.5 时，蚯蚓会外逃。

④ 通气。蚯蚓生活在基料和饵料中，基料和饵料不断发酵，与蚯蚓争夺氧气，容易造成蚯蚓缺氧，影响其生长发育。另外，供蚯蚓作饵料的有机质在发酵过程中还会产生二氧化碳、氨、硫化氢、甲烷等有害气体，当这些有害气体浓度过高时，蚯蚓会外逃或死亡。因此，在蚯蚓饲养过程中，应适当疏松基料和饵料，加强通

风换气。

⑤ 光照。蚯蚓是夜行性动物，只是在表皮、皮层和口前叶这些区域有类似晶体结构的感光细胞，其对光照要求并不高，要求在弱光或黑暗条件下养殖，日光对它有杀害作用。蚯蚓野外养殖，需要遮光，防止直射日光。

（3）蚯蚓饲料与发酵处理

蚯蚓食性很广，对饲料要求不严，凡无毒的植物性有机物质，经发酵腐熟后均可作为蚯蚓饲料。人工养殖条件下，蚯蚓爱吃蛋白质和含糖量丰富的饵料，不爱吃有苦味和有单宁味的食物，各种植物的茎、叶，牛、猪、马、羊粪以及家庭垃圾均可作为其饵料。培育蚯蚓的饲料调配比例一般为主食（落叶、枯草、废纸等多纤维物质）占60%，副食（产业废料）占40%，含水量70%～75%为最佳。在畜禽粪便中，牛粪、猪粪、兔粪都可以作为蚯蚓的饵料，其中以兔粪最好；但是禽粪因含氨量高，适口性差，对蚯蚓生长不利，一般不采用。当粪料缺乏，不得不使用禽粪时，比例不得超过20%。如果用造纸污泥或其他产业肥料作培育蚯蚓的饲料，其中再掺进一定比例的稻草和牛粪，制成堆肥或掺进活性污泥40%和木屑20%，都可以达到良好的培育效果。

养殖蚯蚓的原料一般要进行堆沤发酵处理，以便蚯蚓取食。发酵处理前，作物秸秆或粗大的有机废物要先切碎，垃圾则应分选过筛除去金属、玻璃、塑料、砖石或炉渣等，再经粉碎。家畜粪便及木屑，则可不进行加工，直接进行发酵处理。经过处理的有机物质，可与树叶、杂草、畜禽粪便混合加水拌匀后堆积发酵（含水量控制在45%～50%）。堆高0.65～1米、宽1米，长度不限，外部覆盖塑料薄膜，以保温保湿。经过4～5天发酵，料温上可升到45℃以上（最高可达60℃），经15～20天后温度逐渐下降。在发酵中后期，最好将料堆上下翻动一次后继续堆放发酵。此时温度又逐渐升高，然后再下降至常温，高温发酵即告结束。最后，在料堆上喷水，使水分达到60%～70%，再进行低温发酵5～10天即可使用。发酵腐熟的堆料呈黑褐色或棕色，松软不粘手，闻不到酸臭味。此时，把堆料摊开，排掉其中的有毒气体，然后放少量蚯蚓试养。有条件的地方，还应检测堆料的酸碱度，过酸可添加适量的石灰中和，过碱则用水淋洗去盐，使之适合蚯蚓生长繁殖的需要。

（4）蚯蚓的养殖方法

① 坑养及砖池养法。在房前屋后的空地或树荫下，直接挖坑或砌砖池培育。土坑或砖池深度一般为 50～60 厘米，培育面积根据需要而定。坑内或池内分层加入发酵好的饲料。先在底层加入 15～20 厘米厚的饵料，上面铺一层 10 厘米的肥沃土壤，然后放入蚯蚓进行养殖。如蚯蚓较多，可在沃土上面再加一层 10 厘米的饵料，上面再覆 10 厘米的肥土。此法适于环毛属蚯蚓及赤子爱胜蚓的养殖，养殖环毛蚓时要求保持土壤湿度 30％ 左右。

另外，也可在每年春季在桑园、果园、蔗田及经济林木、公园林荫间或农作物间开挖宽 35～40 厘米、深 15～20 厘米的林间沟或行间沟养殖蚯蚓，挖好后填入腐熟的猪牛粪肥及生活垃圾，上面盖土，放入蚯蚓后，再在土上盖些草皮和秸秆、树叶等遮阳保水。养殖期间沟内保持潮湿而不积水，使种蚓在其中定居繁殖。

② 堆肥养法。在宽 1～1.5 米、高 0.6 米、长 3～10 米的发酵腐熟肥堆或工厂废弃有机物中，直接放入"大平 2 号"或赤子爱胜蚓进行养殖。如果是养殖环毛蚓则应把初步腐熟的有机饲料和肥土按 1∶1 混合，或分层把饲料和肥土相间堆积，每层 10 厘米厚，堆高约 60 厘米，放入蚯蚓养殖。此法较适于南方养殖，北方在 4～10 月的温暖季节也可采用。

③ 棚养法。棚养法养殖蚯蚓与种蔬菜花卉的塑料大棚相似。培育棚内中间留出通道，两侧设宽 2.1 米、床面为 5 厘米高的拱形培育床，培育床四周用单砖砌成围墙，两侧设排水沟。培育床内填料、填土方法同池养。

④ 箱养法。可用箱、筐、盆、罐、桶等多种容器，在良好的养殖条件下，每年可增殖 200～500 倍，最高可达 1000 倍。饲养前，先将制备好的饲料放入各种容器内，按每平方米面积放养赤子爱胜蚓 1.5 万～3.0 万条，每 10～15 天添 1 次饲料，保持 60％～70％ 的湿度。养殖 2～3 个月，翻箱收获，每平方米可产蚯蚓 15～30 千克。

（5）蚯蚓的饲养管理

1）添料。正常培育以后，每 15～20 天要检查蚯蚓是否已经吃完饲料。如果饲料表面出现 1 厘米厚的蚯蚓粪，池内的饲料已基本成粉末状，则表明饲料已经吃完，要及时添加新料，保证饵料不断。饲养面积较大的添料可采用以下方法：①当养殖床的饵料消耗完后，在前端空床位铺入新饵料，料堆上面覆一层 4 米² 的铁丝网，网眼 1 厘米×1 厘米，然后把邻近的旧饵料堆连蚯蚓一起移到新饵料堆的铁丝网上，再在空出的床位上铺上新饲料，如此轮换堆积，依次采取一倒一的流水作业法，把全部养殖床的旧料更新完毕；②当表层饵料已消耗粪化时，在旧料表面添加 10～15 厘米厚的新饵料；③把养殖床分成两半，一半堆积饵料进行养殖，当饵料消耗完后，在旧饵料的侧面添加新饵料，经 2～4 天，蚯蚓（尤其是成蚓）大部分移入新料中，幼蚓及卵茧则留在旧料中，可将其移入孵化床，进行培育。

2）种蚓更新。为了保持种蚓有旺盛的繁殖能力，一般使用 180 天后种蚓就要更新。把老龄种蚓作商品蚓（饵料）处理，以新的体质肥大、环节明显的作新种蚓。

3）分级饲养。蚯蚓有一种习性，成蚓不能大小混养，必须适时做好大小分离。在添加饵料、蚓粪及卵茧分离过程中，逐步形成分级饲养，建立种蚓、幼蚓、成蚓三级饲养的高产养殖模式。

4）防天敌、防毒和防病害。蚯蚓的天敌较多，常见的有螨、蚂蚁、青蛙、蟾蜍、蛇、麻雀及其他鸟类、鼠、蜈蚣、苍蝇、壁虱、甲虫、蚂蟥等。要防止上述天敌侵袭，并设法消灭它们，才能确保蚯蚓的丰收。同时要预防农药和消毒药品对蚯蚓的杀伤。另外，在蚯蚓养殖过程中，饲料中未发酵过的蛋白质易变酸产生气体，使土壤酸度增大，导致蚯蚓的生殖带红肿、全身变黑、身体缩短，出现念珠结节，最后引起死亡并自溶。因此，应定期检查基料床内基料，防止酸化。发现病害后要及时调整饲料酸碱度，翻料增加通气，并采取适当措施。

（6）蚯蚓的采集

蚯蚓采集时间一般以夏、秋季节为好。采集方法依据具体情况而定。人工饲养的蚯蚓，其采集方法可根据不同的饲养方法而定。常用的方法有诱饵法和木箱采收法。诱饵法是在有许多小孔隙（2～3 毫米大小）的透孔容器中放入蚯蚓爱吃的饲料，然后埋入养殖槽或养殖池中，引诱蚯蚓聚集于该容器中，再把蚯蚓取出来。此法简便易行，效率高。木箱采收法仅适用于木箱饲养。将养殖木箱放于阳光下，蚯蚓便迅速钻至箱底，将木箱翻转，蚯蚓即暴露在其表面，很易捡取。另外，还有机械分离法，即把充分繁殖好的蚯蚓、蚓茧和剩余饲料装入喂料斗，开动电动机，饲料会震碎，从4号筛漏入1号筛中，蚓粪、部分蚓茧落入5号箱中回收，剩余物到达2号筛时，拍打饲料块使之进一步破碎，下滑到3号筛，大约50%的小蚯蚓和50%～70%的蚓茧、细土落入6号箱回收。剩余物再下降到9号输送器，其中大蚯蚓爬附于输送器上，经水平方向输送到10号箱回收，其他大而硬未破碎的残余物落入最下面的箱内，这样就大致把蚯蚓、蚓粪、蚓茧和小蚯蚓分离开来（见图4-7）。

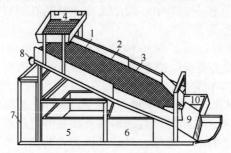

图4-7　蚯蚓收获机具
1～4—孔眼不同的方筛；5,6—料箱；7—固定支架；
8—电动机；9—输送装置并带动筛下拍打装置；10—收集箱

六、中华大蟾蜍的饵料投喂技术

（一）饵料的投喂原则

无论是投喂鲜活饵料或是人工配合饵料，在饲喂时，均要严格执行"四定"原则，即定质、定量、定时、定位投饲。

1. 定质

饵料必须要保证质量，要求新鲜、清洁、营养全面、大小适中、适口性好。饵料的变更要逐渐过渡。凡喂腐败变质的饵料不能投喂。投喂的动物性饵料喂前要洗干净，植物性饵料不能发霉变质。饵料种类转换应逐渐过渡，避免突然改变。

2. 定位

每次投喂饵料时均要在固定的地点进行。在岸边陆地或岸边水中应设置固定的饵料台，养成中华大蟾蜍定点摄食的习惯。要及时清除残饵和掌握摄食情况，防止残饵对水质的污染，这对于夏季投喂死饵时更为重要。

3. 定时

在自然条件下，野生中华大蟾蜍习惯昼夜伏夜出，晚上觅食。但在人工饲养下，可以改变这种习性为白天摄食。在一般正常天气情况下，每天投喂时间要相对固定。在温度适宜情况下（16～28℃范围），每天投喂2次，分别于上午8时和下午17时投喂；若夏季水温过高，可以减少投饵，日投1次。实践证明：分2次投喂效果较1次投喂的效果更好，可以避免"分食"不匀的现象。此外，投喂时，饵料不要成堆，要均匀撒开，以便于中华大蟾蜍摄食。

4. 定量

在一定时期内，投喂的喂料数量要相对固定，每次投喂量要均匀适度，防止忽多忽少。一般以足食为宜，同时根据采食情况、天气变化、水温、水质等情况进行适当调整，以满足蟾蜍生长发育的营养需要。

（二）蝌蚪饵料的投喂

培育蝌蚪有两种方法：一是人工投饵；二是培肥池水，繁殖浮游生物。在生产上，常采取两者结合的方法，在养好水的基础上，增投人工饵料，以满足蝌蚪营养需要。此外，由于蝌蚪各个时期的活动特点和摄食能力有所差异，在饲养过程中，还应根据不同的特点采取相应的饵料及投喂方法。

对于刚放养的蝌蚪，活动力弱，多群集在一起，且不太摄食，可投喂极少量的豆浆、熟蛋黄（每万尾蝌蚪1～2个蛋黄即可）。几天后，蝌蚪活动增强，逐渐分散于池中，四处觅食，此时，应适当多投些熟蛋黄、豆浆或捞取专门培养的轮虫、水蚤投喂。采取全池泼洒的方法，于每天傍晚投喂1次。投喂量为每万尾蝌蚪100～200克/天。

10天之后，投喂米糠、花生粉、麦麸、豆粉、豆腐渣及动物内脏、血、肉类等。可单一投喂，也可几种饲料有机搭配投喂。投饲量为每万尾400～700克/天；饵料沿池的四周或池中设置饵料台投喂。投喂时，粉状饲料加水调制成糊状，饼状饲料先浸泡发软，肉类打浆。

30天以后，蝌蚪个体迅速增长，摄食能力逐渐增大，可投给小蚯蚓、小鱼苗和剁碎的鱼肉、动物内脏、瓜果嫩菜等较粗的饵料。干粉状饲料仍需用水调制，捏成团状定点投喂。每天投喂2次，每次每百尾蝌蚪投饵10～30克/天。投饵量随蝌蚪日龄的增长逐渐增加，在蝌蚪前肢即将长出时，达到最大。实际投饵量还应根据天气、水质等情况适当调整，以既能让蝌蚪吃饱又不出现剩饵为佳。天气凉爽、水质较清时，可多投；天气炎热、水质较肥时，适当减少投饵量。此外，各类饵料应有计划地搭配投喂，一般原则以植物性饲料为主，适当搭配动物性饲料。但有时出于生产需要，为提早蝌蚪变态时间，要在蝌蚪培育的早期阶段（30日龄前）多投动物性饲料（占60%比例以上）。

『专家提示』

　　处于变态后期的蝌蚪（前肢长成阶段）活动较少，也很少摄食，仅靠吸收自身尾部为营养。但由于同一池中蝌蚪变态步骤不一致，一部分变态较慢的蝌蚪仍要摄取食物，所以此阶段宜减少投饲量，酌情投喂。

（三）幼蟾的食性驯化

中华大蟾蜍变态后以活饵料为食，而对死饵料不敏感。活饵料的生产季节性较强，大批饲养中华大蟾蜍时，活饵料的生产很难满足需要。所以饲养中华大蟾蜍，要训练幼蟾采食静饵——人工配合饵料或死的动物性饵料。驯化幼蟾食性的方法很多，基本上是利用幼蟾生来就吃活饵、视觉对活动的物体敏感的习性，采用水流、机械力带动等各种方法使死饵产生动感，让幼蟾误吃死饵，并定时、定点进行这种投饵刺激，从而养成蟾蜍吃死饵的习惯。

1. 食性驯化的方法

幼蟾15～20克即可开始食性驯化，驯化池以水泥池为好，面积一般在3～5米²，每平方米放养幼蟾200只。驯化池水深控制在10厘米左右，以幼蟾后腿不能着底为度。池中置一饵料台，为木制方框，以筛绢布拉紧成底。水深时饵料台浮于水面，水浅时则落于实处，框底不要留有空隙，以免幼蟾钻入框底窒息，除饵料台外，池中不要有可供幼蟾休息的陆地或悬浮物。

（1）活饵诱食驯化法

驯化时选取大小合适的小杂鱼或家鱼苗（体长2厘米以内）放入饵料台，饵料台底的筛绢布浸水少许，水的深度以小鱼不会很快死去，又不能自由游动而只能横卧蹦跳为度（大约2厘米）。由于小鱼的跳动，很快引诱幼蟾趋向饵料台摄食。小鱼投喂1～2天后，可将鸡、鸭、鱼等的肉、内脏切成长条形（大小以蟾蜍能吞食为度），混在活鱼中投喂。小活杂鱼在饵料台内蹦跳带动肉条等震动，幼蟾误认为都是活饵而将其吃掉。以后每天逐渐减少小活鱼的比例、增加死饵比例，5～7天后，逐渐加入人工配合饵料，以至全部投喂死饵或全部人工配合饵料。实践中，也可用蝇蛆、黄粉虫幼虫、蚯蚓作为引诱的活饵，但要注意饵料台底最好紧贴水面而不进水。

（2）颗粒饵料直接投喂法

须将人工配合饵料制成适于幼蟾口形大小的颗粒状。软颗粒饵料投喂需饵料台，将颗粒饵料慢慢扔到饵料台的塑料纱底上（不进水），颗粒饵料落下弹起，可引诱幼蟾摄食。这种方法投饵慢而费时。浮性的膨化颗粒饵料可不用饵料台，投喂时先将驯化池水降低到池底浅处刚好露出水面，而在深处幼蟾后腿仍不能着底，幼蟾都在浅水处休息，将膨化颗粒散在浅水处，由于幼蟾的跳动等造成水面波动，浮于水面的膨化颗粒饵料也随之波动，引诱幼蟾摄食。

或在幼蟾池边架设一块斜放的木板，伸入池中，往木板上端投放颗粒饲料，使颗粒饲料能沿木板缓缓滚入池水中，诱引幼蟾捕食。也可在饵料台上方安装一条水管，让水一滴一滴地滴在饵料台中，水的震动使台中颗粒饲料随之而动，幼蟾误认为是活饵而群起抢食。形成习惯后不滴水，幼蟾也会进入饵料台采食。

用颗粒饲料摄食一段时间后，可将驯化池中个体较大的蟾蜍移向别池饲养，留下个体较小并已习惯摄食颗粒饲料的幼蟾，再把未驯化的幼蟾放入驯化池。投喂颗粒饵料时，已驯化幼蟾的摄食，可刺激和带动未驯化的蟾摄食。每次留下的已驯化的幼蟾最好不要少于未驯化蟾蜍的1/5。

2. 食性驯化应注意的问题

驯化幼蟾食性的关键是制造死饵的动感。具体方法很多，读者可根据实际情况选用或自行设计。但无论采用什么方法，为取得良好效果，必须重视以下事项。

（1）及早驯食

幼蟾食性驯化的开始时间要依实际情况而定，如果直接在蝌蚪池饲养幼蟾，待其完全变态，有3～5天的陆栖生活时间后，即可开始食性驯化，这样容易建立起条件反射，食性驯化成功率高。

（2）循序渐进，持之以恒

驯食开始时应从只投喂活饵，改为以活饵为主，并适当配合死饵。随着驯食进程，逐步减小活饵投喂比例而相应增大死饵的投喂比例。一个蟾群全部通过驯化，一般需15天以上。这是一个自然过程，不能强行加快。幼蟾对驯食的记忆不牢固，摄食死饵仅仅是一种条件反射。驯食要循序渐进，少量多次，死饵或人工配合饵料的比例由少到多，不可操之过急，以免造成不食、饥饿或死亡。为巩固驯食成果，对通过驯化的幼蟾应坚持在固定时间和地点投喂死饵。

（3）最好采用专门的驯化池

驯化池不宜过大，池中除饵料台外不应有任何可供休息的陆地或悬浮物。这样迫使幼蟾只能到饵料台上休息，有利于食性驯化。池底有一定坡度，使池底浅水处刚好露出水面，而深水处幼蟾后腿仍不能着底。为保证水质清新，池水以缓流池水最佳。如果不是缓流水，要经常换水，并及时清除剩余饵料及杂物，防止其腐败影响水质。

（4）分群驯化

驯食时，也要分级分群，防止大小、强弱不均造成争食、不食或饥饿，甚至相互残伤。

（四）成蟾饵料的投喂

刚变态的幼蟾，个体幼小，体内营养在漫长的变态过程中消耗很大，应及时饲喂幼蟾易捕食的适口小动物，如蚯蚓、蝇蛆、面包虫、小昆虫、小鱼苗等活饵。经一段时间后，随着个体的增长，幼蟾食量不断增大，此时要广辟饵料来源，采取多条途径、多种方式解决饲料供给问题。如果是小型的庭院养殖或半人工粗放养殖，也许依靠灯光、植草诱集昆虫和野外收集饵料生物等方法，就可确保饵料供给。但在进行规模化大量养殖时，诱虫只能作为饵料来源的一个补充途径，主要供给必须依靠人工投饵。成蟾人工投饵有两种方法：一是投喂人工培育或捕捉的各种鲜活饵料；二是进行人工驯食，驯化中华大蟾蜍采食静态死饵。

第五讲

中华大蟾蜍的人工繁殖

◉ **本讲知识要点：**

　　✓ 种蟾的培育
　　✓ 中华大蟾蜍的性成熟与生殖季节
　　✓ 中华大蟾蜍的生殖行为
　　✓ 中华大蟾蜍卵的受精与胚胎发育
　　✓ 中华大蟾蜍的人工繁殖

一、种蟾的培育

　　人工养殖中华大蟾蜍的主要目的在于收集蟾酥及其他器官组织入药，教学和科研也需要一定数量的实验动物，为满足市场的需求，扩大中华大蟾蜍的养殖规模，饲养优良的种蟾蜍具有重要的意义，主要体现在以下几个方面：①减少野生蟾蜍的捕捉，保护生态平衡；②饲养体质健壮、繁殖力强的优质种蟾，为蟾蜍的扩大再生产奠定基础；③经人工饲养的优良种蟾产生的后代，体质健壮，生长迅速，由此可以生产高质量产品，较少养殖成本，提高经济效益。

（一）种蟾的投喂

　　种蟾摄食量大，要求饵料种类多、适口性好、营养丰富而全面。饲养时，不仅要做到投饵量足够，而且要尽量多投喂一些鲜活的适口饵料，并相应减少人工饵料的投喂。一般每只每日投饵量为体重的 10%、动物性饵料不应少于 60%。值得提出的是：中华大蟾蜍在进入冬眠前，往往有一个积极取食的越冬前期，此时大量地捕食，为越冬与来年生殖贮存营养。

（二）种蟾性比

一般生产情况下，雄性过多会造成雄蟾之间的互相拥抱或争雌中相互搏斗；反之，雄性过少则会造成雌蟾失配而不能大量排卵和降低受精率。种蟾性比一般应根据具体情况而定，一般小群体、小规模养殖时，种蟾的性比以 1∶1 为宜。在大群体规模养殖时，群内雌蟾不可能在同一时期内发情，而雄蟾排精后，在短期内仍可再次抱对、排精，适当减少雄蟾的放养比例仍可获得正常的受精率。因此，进行大群体、大规模种蟾培育时，雌雄性比可按 2∶1 放养，也可采用 3∶2 或 8∶5 的放养比例。但雌雄放养比例不得高于 3∶1，否则会影响受精率。

（三）管理

1. 种蟾的放养密度

种蟾的放养密度过小，会造成设备利用率下降；密度过大，则不利于种蟾抱对、产卵。一般以每平方米水面放养 1～2 只种蟾为宜。

2. 调节水质

为了保持良好的水质，应经常向种蟾池注入新水，一般每周1～2 次。在抱对产卵期间水位应保证有足够的产卵适地（1/3 以上水面保持 10～15 厘米深）。

3. 保护环境

中华大蟾蜍抱对时要保持环境宁静，切忌嘈杂，否则会影响抱对、排卵、排精。抱对时的种蟾处于生殖兴奋状态，对天敌入侵反应不灵敏，御敌能力大为降低；而蟾卵更易为鱼类、其他蟾类等动物吞食。因此，应注意防、除敌害（如蛇、鼠等）。发现病蟾应及时隔离治疗。

此外，种蟾饲养和管理的其他要求和具体技术可参考成蟾的饲养和管理。需要指出的是，种蟾的培育应从变态后的幼蟾开始，即将幼蟾作为后备种蟾培育。不仅要注意产前的精心培育，而且种蟾产后仍准备作种蟾的不能放松培育管理，甚至未达到性成熟的后备种蟾就应加强培育管理。

二、中华大蟾蜍的性成熟与生殖季节

(一) 性成熟

性成熟是指中华大蟾蜍生长发育到一定时候,其生殖器官发育完全,并能产生成熟的生殖细胞,具备了繁殖能力的时期。此时,雄蟾可以产生具有受精能力的精子,开始具有正常的性行为、性欲要求;雌蟾能排出成熟的卵子,有正常的发情表现和行为,一旦与雄蟾抱对即能正常受精。中华大蟾蜍性成熟的年龄,随不同地区有所不同,受蝌蚪变态的时间、当地气候(温度、光照)、食物等各种因素的影响。一般在当年春末夏初经蝌蚪变态成的幼蟾,经过当年的适宜温度,充足的食物条件,生长发育,进入冬眠,其成熟的要快一些;而秋末经蝌蚪变态所形成的幼蟾,很快要进入冬眠,第二年春天再生长发育,则性成熟要晚得多。同样,一年内的气温变化、食物的多少,也会影响幼蟾及青年蟾的体成熟和性成熟。在自然条件下,由幼蟾到性成熟大约需要 3 年,性成熟的雄、雌蟾体长最小分别达到 58 毫米、63 毫米。

(二) 生殖季节

已有的研究结果表明,光照(光照强度和光照周期)、温度、降水、饵料供应的丰富度都影响中华大蟾蜍的生殖活动,其中光照周期是最重要的因素。中华大蟾蜍一般出蛰后,水温回升至 10℃以上时进行繁殖。中华大蟾蜍产卵季节因地理分布不同而有所不同。中华大蟾蜍在辽宁省北镇产卵期在 4 月中旬至 5 月上旬;在徐州则提前到 2 月底至 3 月中旬,表现出由北至南,逐渐提前的趋势。在生殖季节,性成熟的蟾蜍便开始抱对繁殖,雄蟾比雌蟾提早 1~2 周发情。未发情的雌蟾拒绝雄蟾抱对。

三、中华大蟾蜍的繁殖行为

(一) 求偶与抱对

蛙类求偶行为主要表现为雄蛙的鸣叫。蛙蟾的鸣声是种内识别的主要手段，具有种的特异性，包括频率、脉冲和长度等。雄蟾的鸣声可被雌蟾识别，雌性在听到后，在生理上和心理上都发生一些变化，以准备交配。中华大蟾蜍雄蟾虽无声囊，但可发出简单的求偶声。

在繁殖季节，一般是雄蟾先选择进入产卵场所（如有水草的小池塘、水沟等）后发出求偶的鸣声。参与繁殖的雌蟾听到雄蟾鸣叫后，多向离其较近且持续鸣叫的雄蟾移动。雄蟾发现后，多立即追赶过来，雌蟾可能朝背离雄蟾方向移动一段距离，雄蟾追上抱对。经一番试探后，雌蟾接受雄蟾，于是雄蟾便蹲伏于雌蟾背部，用前肢紧紧抱住雌体的躯干前部，抱对时婚垫加强了抱握的牢固度，形成稳定的配对后，雄蟾停止鸣叫，二者潜游于水中，或与静处水草丛中探出水面漂浮着，抱对时间一般为9～12小时，最长可达20～60小时。已抱对的个体常遭到其他雄蟾进攻，抱在抱对雄蟾的背部或后肢，被抱的雄蟾连连发出警告声，同时用后肢猛蹬后来者，直至其离开。中华大蟾蜍的配对有一定的规律，雌雄在体长等方面有一定的比例，也就是说存在性选择，一般来说较大雄蟾抱握较大雌蟾成功性较大，而较小雄蟾抱握较大雌蟾成功性较小。雌蟾平均体长大于雄蟾，较早参与繁殖的雄蟾在繁殖季节抱对不止一次。

『专家提示』

中华大蟾蜍自然产卵、受精过程的完成，必须借助雌、雄蟾拥抱配对（或称抱对）。雄蟾没有交配器，不可能发生雌雄两性交配，而是进行体外受精。抱对可刺激雌蟾排卵，否则即使雌蟾的卵已成熟也不会排出卵囊，最后会退化、消失。抱对还可使雄蟾排精与雌蟾排卵同步进行，使受精率提高。因此，抱对对蟾蜍的产卵和受精极为重要。

（二）产卵

中华大蟾蜍在抱对成功后，经一段时间，选好产卵场所，两性活动逐渐增强达到高峰时，即开始产卵。性成熟的雌、雄种蟾在繁殖季抱对时，雄蟾跨骑在雌蟾的背上，用前肢指的发达婚垫夹住雌蟾的腋部。在抱对时，雄蟾对雌蟾的拥抱刺激由外周神经传递给雌蟾中枢神经系统，雌蟾中枢神经系统发出指令至脑下垂体，脑下垂体分泌促性腺激素作用于卵巢使卵巢壁破裂，成熟的卵子脱离卵巢、跌落体腔，继而进入输卵管，最后经泄殖孔排出体外。蟾蜍抱对过程需要数小时至 2～3 天才能完成。其间雄蟾按前述方式拥抱、匍匐于雌蟾背上，并用前肢做有节奏的松紧动作，诱发雌蟾将卵排出。雌蟾排卵时除臀部外，其余部分完全沉浸于水中，后肢伸展呈"八"字形，腹腔借助腹部肌肉和雄蟾的搂抱进行收缩产卵。雄蟾则同时排精，并用后肢做伸缩动作拨开刚排出的卵子，使之漂浮于水面，完成体外受精。受精后的受精卵外面有卵胶膜包裹，以利胚胎安全发育成蝌蚪。

产卵亲蟾通常产完卵才分开。产卵时间随产卵量多少而异，一般是 10～20 分钟。在气温较低时，它们又回到水底或者洞穴中。中华大蟾蜍卵带长度从 1 米到 2 米不等，卵在管状胶质的卵带内，初排出和末段卵带较细，其中常只有一至两行卵；卵带缠绕在水草上，偶尔在路边的小沟中见到直接松散地铺在水底的卵，这种沟里的水常常非常浅（10～20 厘米）。每只蟾蜍产卵 2000～8000 粒。中华大蟾蜍的卵近圆形，黑色，卵径约 1.5 毫米，动物极黑色，植物极深棕色。孵化之前，包围卵的胶状卵带破裂，卵暴露出来，这时的卵已经呈椭圆形，但还没有出现明显的头尾部。

在生态条件不适时，中华大蟾蜍也会出现滞产和难产，造成卵子过熟。因此，抱对的种蟾不要惊扰它们，要保持环境宁静，以免中途散开而不能排卵。卵子在输卵管和泄殖腔中滞留时间太长，造成卵子过熟现象。

四、中华大蟾蜍卵的受精与胚胎发育

（一）受精

中华大蟾蜍的卵外有 2～3 层胶质膜，胶质膜轻而薄，可被精子头部含有的蛋白酶分解和穿透胶质膜与卵子结合成受精卵，并吸水膨胀漂浮于水面，以利于接受光照和积贮发育所需的热量。此外，胶质膜还有促进正常受精、保护受精卵和使胚胎免遭污染、机械损伤、低渗影响、病原体入侵及水生动物吞食等作用。蟾蜍卵细胞的受精率受介质种类及其条件、雌雄比例、温度等因素的影响。蟾蜍卵在受精前后的比较见图 5-1。

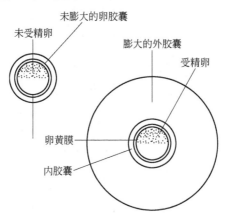

图 5-1 蟾蜍卵在受精前后的比较

（二）胚胎发育

中华大蟾蜍的胚胎发育是指由受精卵起始发育到两鳃盖闭合、外鳃完全消失、仍以卵黄为营养的蝌蚪时期为止。其过程可分为 25 个时期（见表 5-1、图 5-2）。下面分五个阶段介绍这一过程的特点。

1. 卵裂阶段

即受精卵经过多次分裂形成一个多细胞胚体。这一阶段特点是受精卵分裂、本身不生长，分裂的次数越多则细胞体积越小。中华大蟾蜍的受精卵因内含的卵黄分布不均而进行不完全卵裂，动物极与植物极的细胞分裂是非等速进行的。

2. 囊胚阶段

从第六次卵裂开始，由于动物极细胞分裂快，植物极细胞分裂慢，在动物极一端出现充满液体的囊胚腔，囊胚腔并随着细胞分裂而迅速增大。

3. 原肠胚形成阶段

表 5-1　中华大蟾蜍胚胎发育时程表（20℃）

发育阶段	中华大蟾蜍		发育阶段	中华大蟾蜍	
	累计时间	阶段时间		累计时间	阶段时间
未受精卵期	0	0.5	神经板期	34.84	3.25
受精卵期	0.5	2.5	神经褶期	38.09	3.33
二细胞期	3.0	0.92	胚胎转动期	41.42	7.84
四细胞期	3.92	0.87	神经管期	49.26	10.0
八细胞期	4.79	0.89	尾芽期	59.26	16.17
十六细胞期	5.68	0.87	肌肉感应期	75.43	12.44
三十二细胞期	6.55	1.13	心跳期	87.87	7.98
囊胚早期	7.68	3.75	鳃血循环期	95.85	11.3
囊胚中期	/	/	胚胎开口期	107.15	15.65
囊胚晚期	11.43	8.22	尾血循环期	122.80	10.9
原肠胚早期	19.65	2.0	鳃盖褶期	133.70	15.69
原肠胚中期	21.65	2.63	右侧鳃盖闭合期	149.29	28.55
原肠胚晚期	24.28	10.56	鳃盖完全闭合期	177.84	

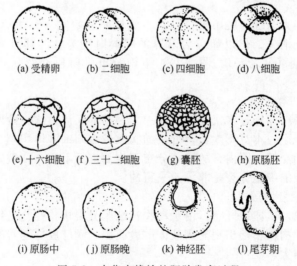

(a) 受精卵	(b) 二细胞	(c) 四细胞	(d) 八细胞
(e) 十六细胞	(f) 三十二细胞	(g) 囊胚	(h) 原肠胚
(i) 原肠中	(j) 原肠晚	(k) 神经胚	(l) 尾芽期

图 5-2　中华大蟾蜍的胚胎发育过程

　　囊胚的细胞继续分裂、生长，使较小而数量众多的动物极细胞向下包围植物极细胞表面，同时植物极细胞也相应地移动和内陷，最后动物极细胞将植物极细胞全包，形成一个空腔即原肠腔。这时的胚胎称为原肠胚。原肠胚的原肠腔是未来的消化道。其开口即将来肛门的位置。

　　4. 神经胚形成阶段

　　原肠胚背部的外胚层细胞加厚形成神经板。神经板两侧增厚并隆起形成神经褶，最后靠拢合并成为神经管。同时胚体前后拉长，后期胚体长约 2.4 毫米。

　　5. 器官发生阶段

　　从尾芽期起，前面阶段所形成的胚层开始分离而成为初级器官原基，进而形成固定的次级器官原基，开始明显分出各种组织，各器官逐步分化定型。至心跳期胚胎大部分孵化出膜。当蝌蚪孵化出膜后，胚胎的发育仍在进行，外鳃、口唇、眼的角膜等器官仍在分化之中。

　　蟾蜍的卵由受精到发育成幼体所需的时间，可因时、因地、因水温和种类而不同，通常在水温 12～23℃条件下，需要 3～9 天。

五、中华大蟾蜍的人工繁殖

（一）人工催产

　　1. 催产药物

　　蟾蜍常用催产药物有绒毛膜促性腺激素（HCG）、促黄体生成激素释放激素类似物（LRH-A）、蟾脑垂体等。HCG 和 LRH-A 有商品出售。药物的具体用量要根据中华大蟾蜍的个体大小、性别及水温高低等具体情况灵活掌握。一般催产药物可单一使用时，每千克体重的雌蟾用 HCG 1200 国际单位，或注射 LRH-A 25～30 微克，或 15～20 个雌蟾脑垂体（雄蟾脑垂体催产效力较差）。混合使用时，雌蟾每千克体重用雌蟾脑垂体 6～8 个，并加 LRH-A 25 微克或 HCG 500～600 国际单位。

　　2. 脑垂体的摘取及脑垂体注射液的制备

　　（1）雌蟾的选择

　　要选择体内卵子已经成熟的雌蟾，最好选择 3 年生雌蟾。可将蟾蜍腹侧皮肤剪开一个小口，观察蟾卵是否成熟。因雄蟾的脑垂体效力比雌蟾的差，一般不用。

（2）脑垂体的摘取与保存

① 任氏液的配制。氯化钠 6.5 克、氯化钾 0.4 克、氯化钙 0.12 克、碳酸氢钠 0.2 克、磷酸二氢钠 0.01 克、葡萄糖 2 克，蒸馏水加至 1000 毫升。

② 脑垂体的位置。中华大蟾蜍的脑垂体位于脑的底部，即上颚后部，隐蔽于蝶骨的蝶鞍中，需要耐心细致才能摘取到完整的垂体。

③ 脑垂体的摘取。用尖手术剪从中华大蟾蜍的颚骨的一角插进蟾蜍嘴里，剪开两侧嘴角至鼓膜后面，在鼓膜后面横着把头剪下。然后把口腔上颚的皮肤向前翻起，露出头骨，用小剪刀从枕骨大孔尖端伸入枕骨大孔，斜向眼球，左右各剪一刀，用镊子翻起剪开骨片，即可见到脑腹面的视神经交叉后面有一堆白色的东西，其中有一粒粉红色、约半粒芝麻大的颗粒，这就是脑垂体。寻找脑垂体时要注意，脑垂体有时会黏附在翻起来的骨片上。用镊子小心取下整个脑垂体，取下的脑垂体要马上使用，也可放在冰箱中短期保存（温度保持在 4℃左右可保存 1 个月），若存放于丙酮中，可保存 1 年以上。

④ 提取液的制备。取出所需数量的蟾脑垂体，放入盛有生理盐水或任氏液的玻璃皿中。取注射器（不套针头）将脑垂体和水吸入注射器中，然后换上中号针头，把注射器内的水和脑垂体挤出，即可使脑垂体破碎；再把脑垂体碎片和水吸入，换上口径更小的针头，然后再挤出，如此反复多次，就制成了脑垂体混悬液，可供注射之用。这种方法制备脑垂体混悬液比较简便，如果用量大，也可用组织匀浆器研磨制备脑垂体提取液。

（3）注射

用注射器吸取脑垂体混悬液或促黄体生成激素释放激素类似物药液，先排掉气泡，然后进行腹腔注射或臀部肌内注射。注射器为 5 毫升、6 毫升的玻璃注射器，针头规格为 6 号、7 号。腹腔注射时，不要刺得太深，以免刺伤内脏，最好是针头从腹面的肌肉刺入，再伸向腹腔，这样一般不会刺伤内脏。同时，针尖拔出后，药液也不致从注射孔倒流出体外。臀部肌注时，注射器针头与蟾体成 45°夹角，用力刺破皮肤进针 0.6～0.8 厘米，然后慢慢推针，完毕后拔针时用手轻轻揉擦针尖入口处，以免药液溢出。

注射完毕，把蟾蜍放在一个玻璃缸或其他容器里，加入少量清水，缸口罩以纱布，放置于僻静处。半小时后，若蟾蜍皮肤颜色变黑，即表明催产有效。待卵子全部进入子宫后，轻轻挤压雌蟾腹部两侧，卵会流出，也可以让其自行产出。如果在注射促性腺激素48小时后，仍不抱对排卵，可用手挤压其腹部，若泄殖腔内也没有卵子流出，则需作第二次注射。由于药物的催产作用是累积的，所以第二次注射的剂量应比第一次适当减少。产出的卵可取之进行人工授精。

（二）人工授精

人工催产的雌蟾除让其与雄蟾抱对后产卵受精，也可以通过人工授精的方法，使成熟的卵子和精子结合，完成受精过程。

1. 精液的准备

将雄蟾杀死或麻醉后，用剪子和镊子剖开其腹部，取出精巢。将精巢轻轻地在滤纸上滚动，除掉粘在上面的血液和其他结缔组织。在经消毒的研钵或培养皿中把精巢剪碎，每对精巢加入10～15毫升生理盐水或10%的Ringer稀释液（切不可用Ringer原液），静置10分钟"激活"精子，即制成了精悬液。

2. 挤卵与授精

人工授精一般在药物催产后25～40小时，通过挤压雌蟾腹部能顺利排出卵子时进行。挤卵方法：抓住雌蟾，使其背部对着右手手心，手指部分刚好在前肢的后面圈住蟾体，然后用左手从蟾体前部开始轻压力，并逐渐向泄殖腔方向移动，这样就可使卵从泄殖孔排出。

将雌蟾的卵子挤入刚制备好的精液悬液的器皿中，边挤卵，边摇动器皿或用羽毛等软物品轻轻搅拌，促使精子、卵子充分接触，提高受精机会。在水温20℃时，受精后10分钟左右，绝大多数卵子的动物极翻转向上，培养皿中水面呈现一片黑色，这种现象称为卵翻转正位，简称卵翻正。卵翻正与否，可作为是否受精的标志。卵翻正后，应倾去精液，换入新鲜清水，以提供充足的氧气，满足受精卵进一步发育的需要。此后，每天都要换水1～2次，直到孵化成小蝌蚪。

（三）人工孵化

1. 孵化设备

中华大蟾蜍卵的孵化可建造专门的孵化池，也可用孵化网箱、孵化框（图5-3）、塑料盆或其他容器进行孵化。孵化网箱用聚乙烯纱网（每平方厘米40目）做成规格为（100～150）厘米×（70～100）厘米×（50～80）厘米的箱体，将其固定在网箱架上即可。孵化框用厚1～2厘米的木板钉成30～40厘米高的木框，框底用40目/厘米²聚乙烯网钉紧。孵化时盛卵浮于池中，入水深度10～20厘米。

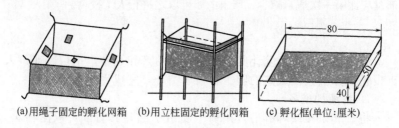

(a)用绳子固定的孵化网箱　(b)用立柱固定的孵化网箱　(c)孵化框(单位:厘米)

图5-3　孵化网箱与孵化框

2. 孵化前的准备

孵化前首先清理孵化池内的杂物及淤泥，用清水冲洗干净后，对孵化池进行消毒处理，待毒性消失后，在池内注入经光照曝气的水，水底铺垫10厘米厚的沙，水深15～20厘米。池水要保持在缓流状态，以保证水质清新、水位正常。一般孵化水温控制在18～24℃。在孵化池内种养一些水草（如水花生、凤眼莲、水浮莲等），为卵提供支撑，防止卵块下沉，水草以不浮出水面为宜。对放置的水草先用0.003%高锰酸钾溶液或市场上销售的能饮用的消毒水浸泡10分钟，以防带入病原微生物和寄生虫，消毒后用清水冲洗，然后放入池内。根据具体情况，可在孵化池上方搭建棚室，以控制光照和水温的高低。

3. 卵的采集

在中华大蟾蜍产卵季节，应每天清晨、中午和傍晚各巡查一次种蟾池，发现卵块应立即转移至孵化设备内孵化。雌蟾卵块排出2小时后重量增加2倍，4小时之后重量增加5倍。卵块排出时间越长，卵粒胶膜相互黏结越松散，在采集运送过程中容易分散，放入孵化池后易沉入水底，孵化率较低。因此，采集卵块越早越好，最好在排卵后4小时之内采集。

『经验推广』

手抓容易伤害蟾卵，而中华大蟾蜍受精卵的胶膜柔软而黏性大，用网捞易粘住，既难取下又会伤害蟾卵。所以，采集和投放卵块时不能用手抓或用网捞取卵块。采卵时，操作人员应下水，先用剪刀把卵块周围连着卵块的水草轻轻剪断，用手轻轻拖动后，用手轻轻将卵块和剪断的水草等附着物一起捧入脸盆、木盆、提桶等光滑器具（先装一浅层水）中。将卵块小心地搬运并放养在孵化设备内。如果卵带过大，容器较小，可将卵带用剪刀剪成小段。受精卵的动物极（呈黑色）、植物极朝下（呈深棕色）。采集、搬运和倒卵时不能颠倒卵块方向。

4. 投放卵块

用孵化池或其他容器孵化，一般按每平方米孵化面积 5000～10000 粒卵的密度放养卵块；若用网箱、网框孵化，可按每平方米 10000～20000 粒卵放养卵带，但在高温季节和初养者其密度稍低些为宜。

『专家提示』

蟾卵是否受精是决定孵化的先决条件，为此，在投放前首先要检查蟾卵的受精情况。在 22℃ 条件下，卵入水 2 小时左右便可以区别开，一般受精卵油黄透明，未受精卵则发暗、浑浊不透明；12 小时后，受精卵中央黑点明显，未受精卵呈不透明的粉斑。投放卵块时，应将盛卵的容器口靠近水面，轻轻将卵块倒入孵化设备内，以免使卵块重叠、方向颠倒或使卵块粘上泥浆等，造成孵化率降低，甚至孵化失败。一旦在放卵时出现卵带重叠应立即轻轻展开。同天产的卵可放养在同一孵化设备内，不可将相隔 4～5 天的卵放在同一孵化设备内孵化，以免先孵出的蝌蚪吞食未孵出的胚胎。

5. 孵化管理

根据中华大蟾蜍卵孵化过程要求的条件，要做好如下管理。

（1）观察胚胎发育

在正常情况下，同一卵块发育速度基本一致，相差不多，生产中应定时检查蟾卵孵化速度是否整齐一致，并检查胚胎发育情况。蟾卵停止发育，一般多是由于低温冷害所致；另外，空气干燥，漂浮水面的卵团表面的胶膜水分蒸发，胶膜变硬变脆，胚胎会因干燥而死亡。出现蟾蜍胚胎死亡现象时，要及时采取措施，保证正常孵化。如果卵带变成土黄色，卵胶膜粘一层泥沙，说明水质不清洁，蟾卵已经被污染，要改进灌水技术，排除污染的水，灌入新鲜干净的水。另外，利用水池孵化更要特别检查沉水卵。如发现时卵沉入池底，并粘连泥沙，呈土黄色，这证明出现沉水卵。

（2）孵化水温

温度是中华大蟾蜍胚胎发育的控制因素，其与胚胎发育时间密切相关，低温和高温条件可影响胚胎的正常发育。中华大蟾蜍胚胎发育在 6～29℃ 范围内均能发育，最适温度为 17～23℃，最高温限 32℃，1℃ 时不能发育。从 10℃ 到 20℃，随着温度的升高，卵的孵化率也随着升高；从 20℃ 到 30℃，随着温度的升高，卵的孵化率反而下降（见图 5-4）。当水温低于 20℃ 时，卵的孵化时间较长，且此时正是水霉最适宜的生长水温，容易因某一颗"太阳卵"而引起一大片的水霉滋生，从而造成孵化率的下降。因此，在低温下孵化大蟾蜍卵的时候，要注意适当换水，避免水霉菌对卵生长发育的影响，造成孵化率的下降。在每年产卵季节早期早、晚温度低或遇寒潮侵袭，应在孵化池上加塑料顶盖，防止温度骤降；有条件的单位可人工供暖、保温。如果在高温季节孵化，应在孵化池上方搭设遮阳棚，防止太阳直晒造成孵化池水温过高。

『知识链接』

据报道，温度对大蟾蜍卵孵化后蝌蚪成活率的影响很大。随着温度的升高，卵孵化后蝌蚪的成活率随着下降。水温越高，孵化时间越短，但生长发育太快（见图 5-5），死亡率越高,尤其是水温 25～30℃ 时,蝌蚪往往在孵化后第 2 天就开始死亡,原因是此时正是中华大蟾蜍蝌蚪神经系统发育的时期,对温度很敏感。所以 30℃ 水温的水体中孵化出的中华大蟾蜍蝌蚪在孵化出后 2 天就全部死亡,成为中华大蟾蜍蝌蚪早期生长发育的致死温度。在 10～20℃ 水温的水体中孵化出的中华大蟾蜍蝌蚪的成活率很高,达到 97％ 以上。因此,中华大蟾蜍的卵孵化后蝌蚪的饲养水体温度不能超过20℃,水温宜控制在 17～23℃。

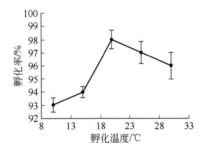

图 5-4　不同温度下大蟾蜍卵的
孵化率和孵化温度的关系

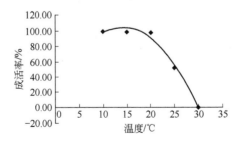

图 5-5　不同温度下大蟾蜍蝌蚪孵
化 3 天后的成活率和温度的关系

(3) 水质管理
要确保水源不受污染、水质清新、水中溶氧量一般应保持在

3.4毫克/升以上（在蝌蚪孵出至鳃盖完成期以前应保持在5毫克/升以上）、pH值6.5～7.5、盐度低于0.2%。水深保持15～20厘米。为确保水质清新和较高的溶氧量，应注意加强对孵化池换水管理，宜采用微量流水孵化。原则上应尽量减少孵化池水更换速度，让水在池中贮存较长时间，使水温升高，促进蟾卵的孵化进程。另一个注意问题是灌入孵化池的水必须清洁，泥沙含量少，严防灌入泥沙含量大的浑浊水，水质浑浊会形成沉水卵。采用微量流水孵化时不得冲动卵子；若用静水孵化，要注意经常换水。孵化期间，禁止向孵化水源或水体施肥，以免造成水质污染。

（4）孵化环境管理

在孵化过程中，及时清除滞留杂物，随时捞出死卵，以免影响卵的正常孵化。孵化环境要安静、避风、向阳，但不要强光直射。孵化池周围不能养啄食禽类，并防止野禽等啄食卵块。也要防止鱼、蛙、水生昆虫等进入孵化设施，否则，蛙卵、蝌蚪会被其吞食。如有大雨，应事先用塑料薄膜遮盖孵化池，以防雨打散卵块，影响胚胎发育。如果采用孵化网箱或孵化框孵化，应加盖网盖，应用绳子将其上下左右加以固定，以防被风吹得左右晃动或沉没，既保证进水深度适宜，又防止卵块漂走或附着在网上。

（5）避免机械振荡

蟾卵外面的胶膜在充分吸水膨胀后变得稀薄，弹性很差，卵块容易黏结成团，卵块受搅拌、严重振荡等机械作用力都会使蟾蜍胚胎受损，内部结构移位，招致胚胎畸形或降低孵化率。因此要小心操作，使卵和胚胎内部结构不致严重破坏，确保不引起发育异常。另外，应使卵块浮于水中，防止其沉入水底，以确保胚胎发育所需的氧气和光照条件。

（6）做好记录

孵化过程中应做好记录，以便积累经验。应记录孵化温度、水深、入孵（产卵）时间、出孵时间、入孵卵数、受精卵数、孵化的蝌蚪数等。

6. 出孵和出苗

中华大蟾蜍胚胎发育至心跳期，胚胎即可孵化出膜，即孵化出蝌蚪，这一过程即出孵。刚孵化出的蝌蚪，游泳能力差，吸附在水草或水池壁上，不游动也不摄食，而是以体内的卵黄为营养，2～3

天后才开始摄食，先以卵膜为食，然后摄食浮游生物和一些小的动植物碎屑，经过 10 天左右的发育，游泳能力增强，可摄食较大的浮游生物、切碎的动植物饵料及配合粉料，此时，即可转入蝌蚪饲养池进行饲养。刚孵出的蝌蚪不宜转池，不需投喂饵料，不要搅动水体以使其休息。蝌蚪孵出 3～4 天后，即开始摄食，从此可每天投喂蛋黄（捏碎）或豆浆，也可喂单细胞藻类、草履虫等。为提高蝌蚪的成活率，蝌蚪在其孵出后的 10～15 天中应暂养于孵化池。蝌蚪孵出 10～15 天后，即可转入蝌蚪池饲养或出售，出苗进入蝌蚪培育阶段。

第六讲

中华大蟾蜍的饲养管理

一、蝌蚪的培育

中华大蟾蜍蝌蚪的培育是指把刚孵化出膜的蝌蚪培育到变态形成幼蟾。蟾蜍蝌蚪营水生生活,具有一系列适应水生生活的器官,其培育技术与同是营水生生活的鱼苗基本相似。蟾蜍蝌蚪培育的关键是:①精心管理,为其生长发育创造适宜的生活环境;②精心饲养,满足其生长发育对饵料的需要。

(一) 蝌蚪的量度

在养殖过程中,定期进行蝌蚪度量也是掌握蝌蚪发育状况、判断养殖效果的重要依据。

1. 蝌蚪体重的测量

测量蝌蚪体重时可用天平,先用一烧杯装约 200 毫升水,测其质量,再将蝌蚪从玻璃缸内捞出,滤干水后放入烧杯中,再测质量,两者相减,得出蝌蚪的体重,体重测量可与测体长同时进行。

2. 蝌蚪的外部量度 (见图 6-1)

(1) 全长

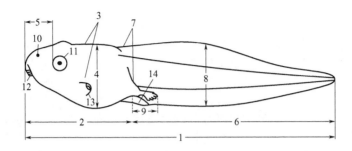

图 6-1　蝌蚪的外部量度

1—全长；2—头体长；3—体宽；4—体高；5—吻长；6—尾长；
7—尾肌宽；8—尾高；9—后肢长；10—鼻孔；11—眼；
12—口；13—出水孔；14—肛门

自吻端至尾末端的长度。

（2）头体长

自吻端至肛的长度。

（3）体高

体背、腹面之间的最大高度。

（4）体宽

体两侧的最大宽度。

（5）吻长

自吻端至眼前角的长度。

（6）口宽

上、下唇左右会合处的最大宽度。

（7）尾肌宽

尾基部的最大直径。

（8）尾长

自肛管基部至尾末端的长度。

（9）尾高

尾上、下缘之间的最大高度。

（10）后肢或后肢芽长

自后肢（或后肢芽）基部至第四趾末端的长度。当后肢发育较为完全时，或仅量跗足长。

（二）蝌蚪的发育

通常在春季温度适宜的条件下，受精卵经过 4～6 天即可发育成幼体——蝌蚪。刚孵出的蝌蚪冲破胶质膜后进入水中，利用口吸盘附着在水草上，随后即能在水中自由游泳。此时的蝌蚪已形成口吸盘、口、鼻腔、泄殖腔开口，头部两侧也出现 3 对羽状外鳃，可独立生活。蝌蚪利用口吸盘上的角质齿弄碎植物的叶子，靠口吸盘吸入口内，以侧扁长尾作为运动器官。随着蝌蚪的生长，口吸盘和外鳃逐渐消失，并在外鳃的前方产生具有内鳃的鳃裂，作为呼吸器官。此时，蝌蚪从外形到内部结构都和鱼近似，没有四肢，用尾游泳，有侧线，用鳃呼吸，心脏只有一心房一心室，动脉弓为 4 对，血液循环为单循环，有鱼类相似的侧线器官，由前肾执行泌尿功能。蝌蚪主要吃植物性食物，如矽藻、绿藻等。消化道呈螺旋状盘旋，其长度约为体长的 9 倍，各部分的分化不明显。蝌蚪的上下颌具有角质结构，有齿的功能。口外缘具多数小乳突，可能为味觉感受器。

蝌蚪发育到后期，即开始变态（图 6-2）。变态是蝌蚪内部与外部各器官由适应水栖转变为适应陆栖的深刻改造过程。大约孵化 30 天后，蝌蚪尾鳍基部、肛部两侧出现乳头状凸出，出现后肢芽，并逐渐长为后肢，形成股、胫、趾和蹼。孵化 50 天左右，前肢于鳃盖喷水孔伸出体外，逐渐长成前肢。前后肢成长的同时，蝌蚪尾部逐渐萎缩，最后趋于消失，成对的附肢代替了鳍。与此同时，口裂逐渐加深，鼓膜出现，最后口裂延伸至鼓膜下方，肉质舌也长成。变态期间，内脏各器官以呼吸器官的改变最早，当蝌蚪尚用鳃呼吸时，在咽部靠近食道处即生出两个盲囊向腹面突出而成为肺芽。肺芽逐渐扩大，形成左、右肺，其前面部分互相合并，形成气管。随着肺呼吸的出现，其循环系统也相应地由单循环改造成为不完全的双循环。变态后的幼蛙是以动物性食物为食，消化道由原先呈螺旋状盘曲的肠管转变成为粗短的肠管，这时胃、肠的分化也趋明显，但肠管的长度仅为体长的 2 倍。随着尾部的消失，蝌蚪的体长大为缩短（见图 6-3）。由孵化出蝌蚪到变态完成需 2～3 个月，主要受水温及食物的影响。由幼蟾到性成熟大约需 3 年。

图 6-2　蝌蚪的发育与变态

1—胶质膜膨大的卵；2—初孵出的蝌蚪；2′—为 2 的放大；3—有外鳃的蝌蚪；
4—外鳃被鳃盖遮盖的蝌蚪；5—长出后肢的蝌蚪；6—具发达后肢的蝌蚪；6′—为 6
的剖视（显示内鳃、螺旋形的肠和前肢）；7—变态前的蝌蚪；8,9—变态
中的蝌蚪（尾部逐渐萎缩）；10—完成变态的幼蟾

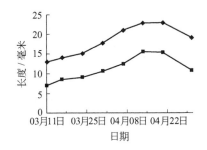

图 6-3　中华大蟾蜍蝌蚪的平均体长和尾长
——◆——体长；——■——尾长

（三）放养前的准备

蝌蚪孵化出膜后的 10～15 天内幼小体弱，摄食能力弱（特别是在最初 3～4 天以卵黄作为营养，不摄取外界食物）、对外界环境反应敏感，因此，不宜转池培育，而应暂养在孵化池内。否则，会因为捕捞等操作而引起大量死亡。蝌蚪在孵化池内暂养 10～15 天后方可转入蝌蚪池饲养。

1. 蝌蚪的培育设施

培育蝌蚪可在蝌蚪池内进行。如果没有专用的蝌蚪池可对幼蟾池、成蟾池和产卵池进行简单改造使之基本符合蝌蚪池的要求，而代用作蝌蚪池。对于不具备各种规格和类型的养殖池的一些单位或农户，培育蝌蚪可采用网箱。网箱一般为长方体，面积 5～10 米^2，深 0.8～1 米。网箱的支架用竹、木材料做成。网体由塑料（聚乙烯）网缝合而成。网目的大小随蝌蚪的日龄进行调整。10～30 日龄的蝌蚪，用 36～40 目/厘米^2 的网片；30 日龄以后的蝌蚪，用 16～36 目/厘米^2 的网片。采用网箱培育蝌蚪，可将网箱安放在适合蝌蚪生长发育的水体，网箱的入水深度宜在 50～60 厘米。

2. 清池消毒

蝌蚪池在放养之前要严格做好清池消毒和检查工作，要做到蝌蚪池清除干净，无碎石、垃圾和杂草，要防止事故发生。消毒需提前 15 天进行，待消毒药物毒性消失后才放养蝌蚪，此项工作可以与采卵孵化同期进行。重点检查池中是否藏有敌害生物，如蛇、鸟、鼠、青蛙、蟾蜍成体、野鱼等，一旦发现应及时清除。采用池塘培育蝌蚪时，在放养蝌蚪前要用密网拉一次，以便清除野杂鱼和其他蛙类等。

3. 培肥水质

蝌蚪池消毒后，应及时注入新水，池水不宜太深，30～50 厘米即可。同时泼洒畜粪 1500 千克/公顷培肥水质，让蝌蚪入池就能摄食到足够质优的适口饵料。也可用水草，如青蒿、野草（无毒）。要求池水色呈黄绿色，以水的透明度在 30～40 厘米、肥度适中为宜。全面检查水质合格后，为稳妥起见，可放养蝌蚪试水。

（四）蝌蚪的放养

在充分做好蝌蚪放养准备工作后，即可在蝌蚪池内放养蝌蚪。蝌蚪放养的关键环节是按蝌蚪的大小、强弱分级分池放养，根据具体情况确定适宜的放养密度。

1. 根据蝌蚪质量，分池放养

为避免蝌蚪出现大欺小、强欺弱，甚至大蝌蚪吞食小蝌蚪的现象，并保证同一池内蝌蚪的均衡生长。应按蝌蚪发育阶段、身体大小、体质强弱分池放养。蟾蜍蝌蚪体质强弱可用如下方法鉴别。

（1）强者

规格整齐，体质健壮，无病无伤，色泽晶莹，头腹部圆大。在水体中，将水搅动产生漩涡时，能在漩涡边缘逆水游动。离水后剧烈挣扎。

（2）弱者

大小不一，颜色淡，头腹部较狭长。在水中活动能力弱，随水卷入漩涡。离水后挣扎力弱。尾少许弯曲。

如果从外面购进或野外捕捞蝌蚪种苗，除应注意其大小和强弱，更应根据蝌蚪体色、头部形状、口部特征、尾的大小及长短等与其他蛙类的蝌蚪区分开，确保是否真正的中华大蟾蜍蝌蚪。

2. 放养密度

蝌蚪放养密度通过影响水体的质量而对蝌蚪生长和成活产生影响。蝌蚪密度大，需要的饵料就多，需氧量大，容易导致水质污染、水中缺氧，从而使蝌蚪大批死亡。生产中，应根据水源、水深和饵料供应条件及饲养要求确定不同日龄蝌蚪的具体放养密度，一般 10 日龄前每平方米水面放养 2000～1000 尾为宜，11～30 日龄为 1000～300 尾，30 日龄至变态成幼蟾之前为 300～100 尾。如果水源好、水深、饵料充足，可以适当密放；反之，则稀些。

（五）蝌蚪的饲喂

刚孵化出膜的蝌蚪（在鳃盖完成期以前），以卵黄作为营养，不会摄食，所以不必投饵。出膜后 3～4 天，蝌蚪开始摄食。蝌蚪孵化后 4～5 日龄即可开始投饵。人工投饵应根据蝌蚪的发育阶段、食性、摄食习性等进行。蝌蚪的饲喂要坚持"四定"投饵，即定质、定量、定时、定位。并根据蝌蚪的生长发育情况，逐渐改变饵料种类和投饵量。

1. 10 日龄蝌蚪的饲喂

蝌蚪开始摄食时，一般以微小的浮游生物为食，也吃一些颗粒微小的蛋黄浆、豆浆、猪血等。此期蝌蚪的饲喂主要有以下方法：①在放养蝌蚪前培肥水质，若水质过肥应冲淡水质才能放养；②在池内吊放饵料台，沉入水下 20 厘米，每天投放 2～3 次适量的蛋黄浆、豆浆或猪血。5～10 日龄每 1 万尾蝌蚪每日投饵量为：投入草履虫或其他浮游生物培养液 15～25 升或 1～2 个蛋黄捏碎后加水 1～2 千克制成的悬浮液。

2. 10～30 日龄蝌蚪的饲喂

10～30 日龄的蝌蚪已进入生长旺盛期，对环境的适应能力增强。除继续培肥水质外，还应设固定的饵料台，每天上、下午投饵各一次，将饵料（如豆浆、麦麸和配合饵料）的大部分投放于饵料台上供蝌蚪取食；而将少部分饵料泼洒在池内阴凉处。另外，还可辅助投些肉粉、肉糜、鱼粉等动物性饲料。每天的投饵量一般为蝌蚪体重的 7%～10%。11～30 日龄蝌蚪每 1 万尾投喂人工饵料 0.4～2 千克。实践中，投喂量以饵料台上无残存剩饵为准。如当天没有吃完，第二天一定要拣出，以免蝌蚪吃进变质饵料而患肠胃病。饵料收回时要检查蝌蚪的食饵情况，并及时加以调整。如投下的饵料很快就被吃完，就应酌量增加；如投下的饵料有剩余，则应减少投饵量。

3. 1 月龄以上蝌蚪的饲喂

1 月龄以后的蝌蚪，后肢开始萌芽，正处于发育变态的阶段，食量大，每天投喂饵料 2 次。1 月龄以后蝌蚪每 1 万尾投喂人工饵料 2.1～12 千克。饵料中应逐渐加大动物性饲料的比例，多投些肉糜等，同时注意保持水的肥度。

4. 变态后期蝌蚪的投喂

当蝌蚪养至 35～40 天时，蝌蚪进入变态的高峰期（前肢长出、尾正萎缩消失期），少吃不动，靠尾部提供营养。但此期同池内蝌蚪变态时间上很不一致，尚未进入变态后期的蝌蚪仍需进食，可以酌情少量投喂。

（六）蝌蚪的管理

1. 管好水质

水质的好坏直接影响蝌蚪的生长发育与成活。蝌蚪池的水质要"肥、活、嫩、爽"。凡水质恶化、变质，都对蝌蚪生长不利，应及时通过排放池水、增加肥度等办法调整。严防有毒废水进入蝌蚪池。

（1）水肥

水质的肥与瘦可直接影响蝌蚪的生长与变态。一般水体越肥，水中浮游生物就越多，可供蝌蚪取食的食物就越丰富。但水体太肥，水质容易变坏，水中溶氧量较低，有机质厌氧发酵产生硫化氢、甲烷等有害气体，容易使蝌蚪受伤害以致死亡。水质肥度瘦，固然利于增加水中溶氧量，但蝌蚪可取食的浮游生物较少。生产中，蝌蚪池水的肥度应适中，从黄绿→油绿→茶褐色逐步加深，水的透明度从 35 厘米，最后控制在 20～25 厘米范围。水体要求中性，pH 值在 6.5～7.5 之间，水中盐度低于 0.2%。

（2）水活

蝌蚪池可经常性地保持微量的水注入和流出，一般每周换一次水，每次加深 7～10 厘米，保持水体中浮游生物旺盛生长能力。换水时要注意换水速度，确保水温不致剧烈波动，以减少对蝌蚪的不利影响。

（3）水嫩

要求水色随阳光强弱而变化，这说明浮游植物有较好的趋光性，种群正处于生长旺盛期。

（4）水爽

确保水中悬浮的泥沙及胶质团粒少，有利于水生饵料的繁殖增长。

2. 控制水温

水温是影响蝌蚪正常生长发育与变态的因素之一，适于蝌蚪生长发育的水温为 16～28℃，最适为 18～25℃。水温适宜，蝌蚪活动力强，采食量大，生长发育迅速，一般 60～90 天即可由蝌蚪变态为幼蟾。蟾蜍在蝌蚪期对高温不能适应，当水温达到 35℃时，蝌蚪活动力降低，摄食量减少，体弱或日龄小的蝌蚪会有零星死亡；37～38℃时会有轻度死亡；39℃时则发生严重死亡；40℃以上可导致全部死亡。因此，在盛夏高温季节必须采取措施控制水温升高，如在蝌蚪池上方搭凉棚、在池周种植树冠发达的乔木以防止阳光直射，在池内或网箱内种植浮萍或水葫芦，勤换新水等。较低的水温会使蝌蚪的生长发育减慢，在气温较低季节培育蝌蚪，可用塑料薄膜温室或利用锅炉热水等方法增温，如遇寒潮侵袭可用增加水深度来减小降温幅度。总之，要保持水温在正常范围，以保证蝌蚪的良好发育。

3. 注意水中溶氧量

首先要保证池水中有足够的溶氧，水中溶氧量需保持在 3.5 毫克/升以上。蝌蚪池水中溶氧量以每天黎明时最低。闷热的阴天、水体过肥及蝌蚪的放养密度过大，都会使水中溶氧量大为降低。因此，观察池水是否缺氧，宜在每天黎明及闷热的阴天。如果蝌蚪浮头，可初步断定水体中缺氧。水体中缺氧时，除及时换水、控制施肥和蝌蚪的放养密度外，必要时使用水中增氧剂如鱼浮灵粉，可起到良好的增氧效果。

4. 控制水位

水位应根据蝌蚪日龄和天气情况进行控制。一般养小蝌蚪或气温较低时，水位宜低些；相反则应高些。但当寒潮来临前，为避免温度骤降，即便是养小蝌蚪，也宜适当增高水位。一般水深保持30～60 厘米即可。

5. 保持适宜的密度

在整个蝌蚪培育期间的管理工作中应注意按蝌蚪大小分池放养和适宜的放养密度。蝌蚪从孵化出膜到培育成幼蟾，需要结合大小分池放养和扩池疏散密度，分养 2～3 次。第一次在出孵后 10～15天，第二次在 30 日龄前后，第三次在 50～60 日龄。分养的目的是使蝌蚪的放养密度适当，避免大吃小，做到均衡生长。特别是最后一次分养时，大部分蝌蚪长出后肢，个别的已长出前肢，根据后肢的长短和前肢长出与否进行分养，可成批获得不同规格的幼蟾。

6. 定期巡池

每天早晨、中午、傍晚巡视 3 次。巡池时，密切观察有无蛇、鼠、蛙类（含蟾蜍）成体、杂鱼等侵入，发现后立即将其驱除或消灭，并记录气温、水温、水质等状况。

『专家提示』

蝌蚪饲养经 30～35 天开始出现后肢，40 天左右开始伸出前肢，尾部逐渐萎缩。蝌蚪在前肢长出以后，鳃的呼吸功能逐步退化，肺的结构和功能逐渐完善。此时蝌蚪无法长期生活在水中，而需要经常露出水面或登上陆地呼吸新鲜空气以维持生命代谢需要。在此阶段，要及时给予登陆条件，促使其登陆，稍有不慎就会导致蝌蚪大量死亡。此期尤其要注意以下事项：①保持环境安静，使变态蝌蚪不受惊扰，充分休息；②适当降低池水深度，暴露一部分池边滩地供其登陆，刚变态的幼蟾体质很弱，皮肤薄嫩，很怕日晒与干燥，幼蟾登陆上岸后和栖息的地方要有杂草，还要经常喷水，使地面保持潮湿；③在建蝌蚪池时坡度要小一些，如达不到要求，可向蝌蚪池中放一些木板、塑料泡沫板等水上漂浮物，使变态的蝌蚪可离水登上木板或泡沫板呼吸新鲜空气，或将树条一端放到池中，一端搭在池边做成搭引桥，以便使变态的幼蟾通过引桥爬到陆地上；④及时设置饵料台，开始投喂活饵，使幼蟾及时生长发育；⑤细心饲养，精心管理，发现问题，及时解决。

二、幼蟾的饲养管理

刚完成变态的幼蟾，体内已无营养贮存，体质瘦弱，摄食能力较弱，生长较慢，对环境适应能力较差，尤其对寒冷抵抗能力差。这是中华大蟾蜍养殖过程中非常困难、关键的阶段。此期饲养管理得当，不仅幼蟾生长健壮，而且为幼蟾的迅速生长打下良好的基础。生长良好的幼蟾，可作为培育种蟾的良好基础，缩短蟾蜍养殖周期，提高蟾酥产量，从而提高经济效益。

（一）放养前的准备工作

在幼蟾放养之前，要对养殖池进行必要的处理。如新建的水泥池应进行脱碱处理，已使用过的塘池应清除幼蟾的各种敌害，并清塘消毒。清塘消毒后要待毒性消失后方能注水放蟾。陆地活动场所要围绕在养殖池的周围，上面要种上树木、农作物或蔬菜，并随时喷水，保持湿润的环境。夏季在活动场所的部分地面上（约占活动场所的 1/3）搭建遮阳篷，也可建造一些带有孔洞的假石山，以利于蟾蜍栖息。另外，在活动场所上要设置诱虫灯，以引诱昆虫供幼蟾捕食，也可堆肥育虫，减少饲料投入。

（二）变态后幼蟾的收集

收集变态后幼蟾是一项既费时又费力的工作，目前主要采用以下几种方法收集。

1. 草堆法

在池周放置数堆稻草、杂草（必须阴湿、浸透），造成潮湿环境，同时在变态池周围围上塑料布，范围不要太大，幼蟾上岸后就钻入草堆中。

2. 收集坑法

在池周挖若干深 30 厘米的土坑，土坑壁直而光滑，坑内放置湿草，也可达到收集目的。

3. 收集沟法

在池边挖一条深 30～40 厘米的深沟，沟壁要光滑，沟底放置适量杂草后灌适量水，变态后幼蟾落入沟内后收集。

（三）幼蟾的放养

1. 分池放养

同一池内幼蟾个体大小相差悬殊、密度太大、饵料缺乏等必然造成中华大蟾蜍相互竞争而影响其生长。因此，在进行幼蟾放养时应注意按幼蟾的个体大小粪池放养，力求同一养殖池内幼蟾个体大小均匀，避免自相残害。另外，由于生长速度的不同，同一养殖池同样大小的幼蟾饲养一段时间后也会出现明显不同。所以，幼蟾饲养过程中要根据情况及时调整，以遏制强欺弱现象的发生。放养时，要将幼蟾放在池边，让其自行爬入水体，不能倾倒，以免伤亡。

2. 放养密度

在幼蟾放养时，应注意适宜的放养密度。幼蟾的放养密度应根据个体大小而定，一般每平方米放养刚变态的幼蟾 100～150 只；30 日龄后幼蟾，每平方米放养 80～100 只；50 日龄的幼蟾每平方米放养 60～80 只；50 日龄以上的幼蟾，每平方米放养 30～40 只。在确定放养幼蟾密度时，还应考虑气候、饵料、水质等情况。如天气炎热季节比凉爽季节的放养密度宜低，较为凉爽时可适当增加放养密度；饵料来源不足时可适当降低放养密度，饵料充足时可适当增加放养密度；水质不佳应降低放养密度，水质良好可增加放养密度。

（四）幼蟾的饲喂

昆虫是幼蟾理想的饵料，可利用昆虫的一些习性将昆虫诱集于幼蟾活动、栖息的场所，供幼蟾捕食。而规模养殖中华大蟾蜍，诱集昆虫仅是饵料的一个补充途径，中华大蟾蜍的饵料供应主要依靠人工投饵。饲养幼蟾时，要训练其采食静饵——人工配合饵料或死的动物性饵料。驯化幼蟾食性的方法很多，基本上是利用幼蟾生来就吃活饵、视觉对活动的物体敏感的习性，采用水流、机械力带动等各种方法使死饵产生动感，让幼蟾误吃死饵，并定时、定点进行这种投饵刺激，从而养成蟾蜍吃死饵的习惯。

幼蟾的饵料投喂一般使用饵料台。饵料台的框架用木板，底部用窗纱制成。每个饵料台大小多为 1 米^2。每个蟾池中饵料台可根据幼蟾的大小及数量来确定。一般饵料台的面积为幼蟾池面积的 10%～20%。幼蟾饵料的投喂亦应坚持"四定"的原则。刚变态的幼蟾饵料以活的蝇蛆、黄粉虫幼虫、蚯蚓、小鱼苗、小虾类等小型动物为宜。幼蟾长到 15～20 克时，便可投喂个体较大的蚯蚓等活的动物。随着幼蟾的生长，投喂的活动物体形也可大些，如可投喂泥鳅等。经过食性驯化的幼蟾也可摄食静态饵料如动物内脏、肉及人工配合饵料。

幼蟾的投饵量依据个体大小、温度高低、饵料种类等情况适当调整，以每次投入的饵料吃完为原则。一般，每日投饵量为蟾蜍体重的 10% 左右为宜，不超过 15%。通常气温在 20～26℃ 蟾蜍摄食多，18℃ 以下及 28℃ 以上摄食会减少。如采用人工配合饵料或干燥饵料，则应根据其营养价值降低投饵比例，一般在 5% 左右。

（五）幼蟾的管理

幼蟾营水陆两栖生活，其养殖场地要有植物丛生的潮湿陆地环境及水面环境。幼蟾的生活习性有别于蝌蚪，在管理上也应有所区别。

1. 控制水温

幼蟾生长发育最适宜的水温为 23～30℃。温度高于 30℃ 或低于 12℃，蟾蜍即会产生不适，食欲减退，生长停滞。在自然温度条件下，春秋两季是其生长发育的良好季节。幼蟾体质比较脆弱，惧怕日晒和高温干燥。将幼蟾放在高温干燥的空气中暴晒 0.5 小时即会致死。致死原因一是高热，二是严重脱水。在夏季应注意给幼蟾池水降温，如在蟾池周围栽种植物给幼蟾遮阴，或在幼蟾池上方加盖遮阳棚，避免阳光直射，防止水温过高。也可以采取换水的方法降温。

2. 控制水质

幼蟾对水质的要求基本与蝌蚪相同，可参考蝌蚪期的水质管理进行幼蟾池的水质控制。幼蟾不需培肥水体来增加其饵料，同时幼蟾主要以肺呼吸，对水中溶氧量的要求不如蝌蚪严格，幼蟾池的水质控制比蝌蚪池要容易。但是，对幼蟾池的水质不容忽视，要经常清扫饵料台上的剩余残饵，洗刷饵料台，捞出死蟾及腐烂的动、植等异物，并经常换水，以确保水质良好，为幼蟾生长创造良好的水体环境。此外，应定期消毒幼蟾池。一旦发现幼蟾池水开始发臭变黑，则应立即灌注新水，换掉黑水、臭水，使幼蟾池水保持清新清洁。换水的目的是为了调节水质和水温，生产中应根据不同季节、水质变化等具体情况进行换水及控制水位。

3. 控制湿度

幼蟾池中有 1/3～1/2 陆地面积，这些地方是幼蟾登陆栖息的环境，该环境应保持较高的空气湿度和陆地湿润状态，根据情况可栽种花草、作物等植物或建遮阳棚。必要时，在幼蟾池四周空旷陆地喷洒清水，以利于幼蟾的生长发育。

4. 定期抽测称量，掌握幼蟾发育状况

为掌握幼蟾发育情况，应定期抽测部分幼蟾，掌握幼蟾生长发育情况，发现幼蟾生长发育异常时，及时分析处理。

① 体长。自吻端至体后端的长度。

② 头长。自吻端至上、下颌关节后缘的长度。

③ 头宽。头两侧之间的最大距离。

④ 前臂及手长。自肘关节至第三指末端的长度。

⑤ 前臂宽。前臂最粗的直径。

⑥ 后肢或腿全长。自体后端正中部位至第四趾末端的长度。

⑦ 胫长。胫部两端之间的长度。

⑧ 胫宽。胫部最粗的直径。

⑨ 跗足长。自胫跗关节至第四趾末端的长度。

⑩ 足长。自内蹠突的近端至第四趾末端的长度。

5. 巡池和日产管理

每天早、中、晚巡池3次，注意观察幼蟾的摄食情况，有无患病迹象，发现疾病及时治疗。还要经常检查围墙和门四周有无漏洞、缝隙，发现后立即堵塞，以防止敌害进入和幼蟾逃跑。一旦发现蛇、鼠等敌害，应及时驱除。同时，要对放蟾、投饵、采食、水温、气温、发病、治病等情况详细记录，以便积累养殖经验，完善养殖技术。

三、成蟾的饲养管理

幼蟾经一年以上的饲养，越冬后即可转入成蟾阶段。成蟾中挑选出发育快、生长健壮、体形大、活泼、食欲好的个体，作为种蟾培育。其余成蟾即可作为刮浆蟾蜍或养到一定规格后处理（制成干蟾或取蟾衣）。

（一）放养前的准备工作

成蟾个体大，采食量大，尤其刮浆蟾蜍，更要有良好的环境、充足且营养全面的饲料，以保证成蟾的体质良好和浆液的生产。成蟾以陆地活动为主，放养前要整治陆地活动场所。首先清除杂物、有害动物等，并种植农作物或蔬菜，搭建遮阳棚，安装诱虫灯，培肥育虫，设置一些多孔的砖屑石堆以供中华大蟾蜍栖息。还要安装喷灌设施，检查防护网或隔离墙的完整性，为蟾蜍提供一个草木丛生、潮湿和安静的陆地环境。成蟾池整理消毒处理后，待毒性消失，即可注入日晒曝气水，水深30～50厘米，最好是缓流水。池中种植水生植物。根据具体情况，成蟾池上方安装防晒或保温设施。成蟾要进行刮浆时，要保证饲料营养全面、数量充足。

（二）成蟾放养

成蟾的养殖一般是在性成熟前即放养在成蟾池及活动场所，可在中华大蟾蜍食性驯化 1 个月后放养。放养时要根据成蟾的大小、强弱等分池饲养，并要根据饲养数量和场地大小决定放养密度。防止密度过大影响摄食，进而影响中华大蟾蜍的发育；密度也不宜过小，否则既浪费场地，又造成中华大蟾蜍的竞食性差，对中华大蟾蜍的发育亦不利。一般放养较小的蟾蜍时，每平方米放养 30～50 只；接近成蟾时，每平方米放养 10～30 只；作为种蟾培育的成蟾宜稀养，每平方米放养 5～10 只。放养前要对蟾体消毒，消毒可用市售安全消毒剂进行浸体消毒，也可用 2% 食盐水浸泡消毒，以防止中华大蟾蜍携带病毒、病菌、寄生虫等进入新的场地而造成疾病传播。

（三）成蟾的饲喂

成蟾个体大，摄食量大，绝对投饵量较幼蟾大得多。应保证饲料充足、营养全面，其中动物性饵料不应少于 60%。尤其刮浆蟾蜍，刮浆前后，动物性饲料及蛋白质饲料要充足，保证刮浆后体质恢复和新浆液的产生。一般每日投饵 2 次，日饲喂活饵料为成蟾体重的 10%～15%，配合饵料为成蟾体重的 7%～10%。种蟾在发情时摄食量减少，抱对、产卵、排精时基本停食，之后摄食量大增，要根据以上情况酌情增减投饵量。投喂饵料时应保持饵料形态相同，饵料长度为成蟾体长的 1/4～1/3。严防投喂霉败饵料，各种添加剂的使用不可过量，防止中毒。

（四）成蟾的管理

1. 保持水质清新

成蟾摄食多，排泄废物也多，要及时清除饵料台残饵，防止霉败影响水质。如果不是缓流活水，要经常换水，以保持良好水质。一般每 2～3 天换水 1 次，每次换水量为 1/10～1/5。在炎热的夏季，最好每天换水 1 次，换水量为 1/2。换入的最好是日晒曝气水，温差不大于 2℃。夏季池内要种养水草或搭遮阳篷降温，定期泼洒消毒药（5～7 天一次），消毒药要严格按说明使用。

2. 控制水温

气候变化频繁的季节，要搭建大棚防风、防寒；炎热季节每天中午要喷水，保证陆地活动场所有一定的湿度。夜间要打开诱虫灯供蟾蜍捕虫，也可堆肥育虫，以增加中华大蟾蜍的摄食，保证其有良好的生成蟾酥的能力。

3. 保持环境安静

要注意创造一个安静的养殖环境，利于中华大蟾蜍的栖息和摄食，保证中华大蟾蜍正常发育和浆液的产生，以提供优质的商品或药用蟾蜍。

4. 经常巡查

密切注意观察中华大蟾蜍的活动情况和健康状况，保持隔离墙的完整，防止串池、逃跑以及敌害的侵入，发现问题及时解决。

5. 成蟾的捕捞

引进和销售中华大蟾蜍种源时，要做到不伤害中华大蟾蜍，保持较高的成活率，就必须掌握正确的捕捞方法和运输技术。无论是刮浆蟾蜍，还是种用幼蟾和成蟾，其捕捉方法和保活运输的技术要求基本相同。

（1）拉网捕捞

对于在水体较深、水面较大的养殖池、池塘、沟等水体内密集精养的中华大蟾蜍，可采用大网围捕。捕捞前先清除水体内障碍物，拉网时注意压紧底绳。收网时动作要快，将底绳与面绳迅速捏合在一起，以防中华大蟾蜍钻入软泥中或逃走。

（2）干池捕捉

当需要将池内全部中华大蟾蜍捕捉干净时，需排干池水，然后几人并排遍池捕捉。

（3）晚上灯光捕捉

在夜间用手电筒光向中华大蟾蜍眼直射，中华大蟾蜍因突然强光耀眼，一时木然不动，这时可乘机用手捕捉或用小捞网捕捉（见图 6-4）。或在夜间打开诱虫灯，对摄食昆虫的中华大蟾蜍进行围捕。

（4）诱饵钓捕

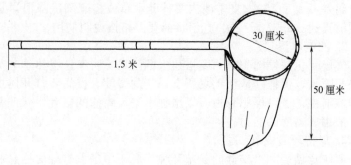

图 6-4 捞网

用长 2～3 米的竹竿拴上一根长 3 米左右的透明尼龙线，尼龙线端串扎蚯蚓、蚱蜢、泥鳅、小杂鱼等个体较大的诱饵。准备一个柄长 1 米的捞网，网袋应深达 1 米左右。操作时，一手持钓竿，上下不停抖动；一手持捞网，发现蟾蜍吞饵咬稳时。即可收竿，并将蟾蜍迅速投入网袋中。

此外，在平时，如养殖池水较浅（30～50 厘米），也可直接下水捕捉。在蟾蜍冬眠期，翻、挖养殖池周软土，也可捉到蟾蜍（但应注意此时蟾蜍对寒冷和疾病的抵抗能力差）。

四、中华大蟾蜍越冬期的饲养管理

中华大蟾蜍是冷血变温动物，体温随外界环境温度的变化而改变，其生命活动也因此而变化。当环境温度降到 10℃ 以下，中华大蟾蜍的体温降低，新陈代谢活动减慢，减少取食和运动，进入冬眠状态。冬眠会使中华大蟾蜍的体重下降，体质较弱，抵抗疾病和敌害的能力下降，容易造成蟾蜍的大批死亡。幼蟾的个体小，活动量又大，在越冬期比成蟾和种蟾更易死亡。加强中华大蟾蜍越冬期的管理，提高中华大蟾蜍的越冬存活率，是中华大蟾蜍养殖生产中的一项重要工作。中华大蟾蜍的越冬应根据养殖者自身的场地条件，采取不同的方法。

（一）中华大蟾蜍越冬期间死亡的原因

1. 水温过低
冬季水温过低的情况下，特别是在结冰后，由于中华大蟾蜍代谢不和谐，会导致生命的某一环节失调或停止，从而导致死亡。

2. 越冬前饲养管理不善

越冬前蟾蜍摄食少，则个体小、瘦弱，脂肪贮存量少，因抗寒能力较弱而死亡。

3. 营养过度消耗而死

蟾蜍在越冬期间活动和维护体温，要大量消耗能量，又得不到食物补充。那些个体小、体质差、养料贮存少的个体会因营养过度消耗，瘦弱而死。

4. 敌害攻击

越冬期间，蟾蜍活动能力弱，抵御和躲避敌害的能力差。再加上冬季敌害食物少，很易被敌害攻击而死亡。

（二）中华大蟾蜍越冬场所的建设

中华大蟾蜍多选择在避风、避光、温暖、湿润的地方冬眠，如洞穴、淤泥中及可供藏身的石块、土坯、木板和草垛下。根据这一特点，可以人为地创造一些适于蟾蜍安全越冬的场所。

1. 水下越冬场所

为了使中华大蟾蜍能顺利越冬，采用水下越冬方式需注意如下几点。①入冬前，将水位加深至 1 米，这样底层水温仍可保持在3℃左右，即使表层结冰也能安全越冬。水底污泥具有保温作用，其发酵放热，可使水温上升 2℃，养殖池底留 30～50 厘米厚的淤泥，中华大蟾蜍会自行钻入，可为蟾蜍越冬提供较为稳定的环境。②准备好补水、增氧设备。如果冰封期较长，冰上有积雪，其底层容易发生缺氧。发生缺氧现象时，应及时灌水、增氧。如无增氧设备则可在冰面挖掘一定数量的冰洞。③可用稻草、芦苇、冬茅、竹帘和塑料薄膜等在池面上搭起棚架，以抵御寒风的侵袭，提高池温。有条件者，可建塑料大棚（见图 6-5）。④注意防止渗漏现象的发生。

2. 越冬窖

越冬窖是用一般农家地窖，底部铺放枯枝落叶，相对湿度控制在 80％～90％，窖内温度控制在 2～7℃（见图 6-6）。

3. 室内越冬建砖池

在房屋内靠墙用砖砌一个高 40～50 厘米的池子（长、宽根据

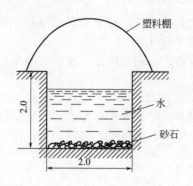

图 6-5　塑料大棚越冬（单位：米）

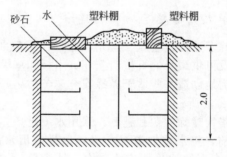

图 6-6　越冬窖（单位：米）

室内大小及越冬蟾数量多少而定），池内铺松土 20～30 厘米，并放一水盆，水盆上缘与土层同高，另放一个蚯蚓养殖槽，以便室温高于 10℃ 时，满足中华大蟾蜍摄食等需要。池口用竹帘等盖住，以防中华大蟾蜍逃逸。若寒潮来袭或气温低于 5℃ 时，可用塑料薄膜围包池外，在池内悬挂一盏 40 瓦灯泡，池口竹帘上加盖薄膜或棉絮，以提高池内温度，保证中华大蟾蜍安全越冬。

4. 洞穴

在养蟾池周围，向阳避风、离水面 20 厘米的地方，用石块等人为地制造一些较大的洞穴。洞内铺上一些软质杂草，保持湿润，但不能让池水淹没。中华大蟾蜍进洞冬眠后，立即在洞穴上堆放一些稻草等，以挡寒风的侵袭。如遇特殊寒冷天气，要加盖更厚的草堆，再加盖一层塑料薄膜。

5. 缸桶

少量养殖蟾蜍，也可将蟾蜍置于缸、桶内越冬。具体做法是，先将缸内或桶内装一些泥土，中间高、四周低，形似馒头形，在低凹的四周适当放水，使高处土湿润，四周有少量积水。蟾蜍放入缸、桶中后，上盖水草或草皮，缸口盖以草帘或麻袋、棉絮，以防蟾外逃。缸、桶口也可盖塑料薄膜，但要注意透气。缸、桶宜安放在 2～10℃ 的环境中。若气温太低，需适当加温。

『知识链接』

中华大蟾蜍越冬场所的要求

（1）温度条件

中华大蟾蜍在冬眠时，只有稳定在一定的温度范围才能安眠，能否给其提供一个合理的冬眠温度是中华大蟾蜍冬眠成功与否的关键。中华大蟾蜍冬眠需具有两方面的条件：一是外部因素——适合的温度；二是内部因素——生理上新陈代谢变慢而产生一系列生理变化。中华大蟾蜍冬眠时，不能让它们太冷，因为这样会引起冻僵直至死亡。但温度升到超过一定范围同样不妥，因为这一来中华大蟾蜍就失去冬眠的外因，内因也就会引起变化。所以，人工设计越冬场所时，让越冬场所温度尽量较为稳定，而又要保证能让中华大蟾蜍处于安眠的温度范围，对其安全越冬非常重要。

（2）湿度条件

湿度是另一个重要的越冬因素，中华大蟾蜍的机体含水约占体重的 4/5，如果置于过分干燥的环境，会引起失水过多；但湿度太高，也同样不适合，也会引起某些疾病的发生率增高。测定湿度，一般可用具有干球和湿球的湿度计。

（3）检查应该方便

检查方便可以及时了解中华大蟾蜍的越冬状态，一旦发现温度偏离中华大蟾蜍冬眠需求过远，就可立即采取应急措施。如果发现有病的中华大蟾蜍可以及时隔离治疗，万一见到死蟾也可立即做加工处理。

（三）越冬期的管理

1. 增加蟾蜍冬眠前的营养

中华大蟾蜍的幼蟾、成蟾及种蟾，在进入冬眠前的一个月，要保证饵料的投喂数量与质量，适当多投喂高蛋白质饵料，以增强蟾蜍体质和保证蟾蜍在体内贮备大量的营养物质。对于当年较早孵化出来的蝌蚪，应加强饲养管理，促进变态，至少在越冬前有约一个月的生长时间。

2. 控制温度

中华大蟾蜍不宜较长时间在5℃以下的环境生活。对越冬蟾蜍可采用加深水层延缓水温降低，池上搭棚覆盖草、芦苇等保温，池上搭棚覆盖塑料薄膜增温等，也可经常用水温较高的井水、温泉水及工业锅炉热水等保持水温，或采用电灯等热源加温。

3. 调节水质

越冬前，应对池水及中华大蟾蜍用万分之一漂白粉喷洒消毒1次，防止病菌侵入。中华大蟾蜍在冬眠时，主要通过皮肤进行呼吸，从而维持体温和生命。而且中华大蟾蜍在高于10℃的水温条件下会活动、摄食。所以，越冬期间也应注意适时加水、换水，保持水质清新和足够的溶氧量。一般每个月需换一次水。

4. 勤检查

经常巡查养殖池，看保温效果好不好，看中华大蟾蜍状态是否正常，看有无敌害。发现问题及时处理。越冬期间冬眠的中华大蟾蜍不吃不动，不需投喂饵料。但温度上升到10℃以上，中华大蟾蜍开始活动，并摄食，其摄食量随着温度的增高而增加。此时，可酌量投以饵料。

春天来临，日平均气温上升到10℃以上时，中华大蟾蜍即自行交配产卵于水中，此时，应将卵带捞出，放入孵化池中孵化。同时越冬中华大蟾蜍也陆续爬上岸寻食，越冬结束。

中华大蟾蜍产品的采集加工与利用

● 本讲知识要点:

- √ 中华大蟾蜍所产中药材
- √ 中华大蟾蜍所产中药材的炮制
- √ 中华大蟾蜍所产中药材的鉴别
- √ 中华大蟾蜍所产中药材的临床应用
- √ 蟾酥的中毒与急救
- √ 中华大蟾蜍标本的制作

一、中华大蟾蜍所产中药材及其采收

(一) 蟾酥

蟾酥又名蟾蜍眉脂、癞蛤蟆浆、蛤蟆浆、棋子酥、蛤蟆酥等,为蟾蜍科动物中华大蟾蜍或黑框蟾蜍的耳后腺及皮肤腺分泌的白色浆液,经加工干燥而成。蟾酥始载于《药性本草》,《本草衍义》始有蟾酥之名,其后历代本草多有收载。野生蟾酥主产江苏启东、海门、泰兴;山东日照、莒南、临沂;安穗宿县;河北玉田、丰润、青龙;天津蓟县;浙江萧山、慈溪;湖北汉川、天门等地。浙江绍兴、萧山等地;四川、湖南、湖北等地也有生产。近代医药学家对蟾酥进行了广泛深入的研究,在抗肿瘤、抗白血病、镇痛、局部麻醉等临床应用上取得了较大进展,并有一定数量的出口。随着蟾酥在临床运用上不断开拓发展,应用范围越来越大,加之近年来生态环境的恶化,蟾酥资源日趋减少,不仅价格大幅上扬,而且时有脱销。

1. 化学成分

蟾酥含有 30 种以上甾体化合物。生理活性物质主要是蟾蜍毒素及水解产物蟾毒配基，已知有 12 种以上的蟾毒配基，如脂蟾毒配基、华蟾毒精、蟾毒它灵、日蟾毒它灵、蟾毒灵等。还含有胆甾醇、β-谷甾醇、麦角甾醇、吲哚类生物碱，如蟾酥甲碱、5-羟色胺等。此外，尚含多糖、肽类、肾上腺素、强心甾烯、蟾毒类和多种氨基酸等。

2. 药理作用

（1）抗癌作用

在实验条件下，蟾酥可以直接抑制小鼠膀胱肿瘤生长，延长小鼠荷瘤生存时间。蟾毒配基对小鼠肉瘤 180、兔 BP 瘤、子宫颈癌 14、腹水型肝癌等均有抑制作用。据实验报道，华蟾毒精对动物移植性肿瘤有抑制作用，尤其是对小鼠肝癌有较明显的抑制作用，全蟾提取物能抑制人的颌上下颌未分化癌、间皮癌、胃癌、脾肉瘤、肝瘤等肿瘤细胞的呼吸。

（2）强心作用

用蟾酥对麻醉犬静脉灌注，心电图显示，心率减慢，P-T 间期延长，T 波倒置，异位节律，传导阻滞及心室颤动等典型的强心苷作用。其强心的主要成分为蟾毒配基类和蟾蜍毒素类，而前者的作用更为明显，其化学结构与强心作用有一定的关系。作用强度为（麻醉猫平均致死量法）：远华蟾毒精＞蟾蜍精＞华蟾毒它灵＝华蟾毒精。蟾毒配基对心脏的作用是通过迷走神经中枢或末梢来实现的，并可以直接作用于心脏，无蓄积作用。

（3）升高血压及兴奋呼吸作用

蟾酥水提液能使麻醉犬血压上升，呼吸兴奋，呼吸振幅加大，频率加快。蟾酥的升压作用主要来自周围血管收缩；部分来自它的强心作用，是通过儿茶酚胺的释放来实现的。兴奋呼吸的作用是中枢性的，因为它的兴奋呼吸的作用不被切除颈动脉窦和结状神经节所取消，主要作用部位可能在脑干。它还可对某些药物如杜冷丁（盐酸哌替啶）及吗啡等或其他原因造成的呼吸抑制或暂停或呼吸节律不整等，均有明显的预防和纠正作用。在日本它主要是作为呼吸兴奋剂用于临床，而在我国则以兴奋呼吸、升压药物用于临床。

（4）局麻作用

蟾酥局麻成分的作用较可卡因大 30～60 倍，较普鲁卡因强 300～600 倍，且作用时间长，无局部刺激。

（5）抗炎、抗病原微生物作用

蟾酥中的甾醇类物质能控制血管的通透性，对金黄色葡萄球菌和甲型溶血性链球菌感染的家兔，肌内注射蟾酥注射液能阻止病灶扩散，使周围红肿消退，但在体外无抗菌效果。用蟾酥水溶性总成分制得的注射液及片剂，治疗各种化脓性感染及结核病，疗效满意，无不良反应。用甲醛液纸片法观察到蟾酥有抑制作用。其强心配糖体可使血管收缩，故对烧伤及其他创伤与抗感染药合用，可收到良好的抗炎效果。另外，实验证明华蟾素能明显抑制鸭乙型肝炎病毒（DHBV）的复制，并有较好的病理改善作用。

（6）增强免疫作用

蟾酥水溶性总成分有增强网状内皮系统吞噬功能，提高机体非特异性免疫功能的作用。

（7）对心肌缺血的影响

蟾酥对血栓形成导致的冠状血管狭窄而引起的心肌梗死等缺血性心脏障碍，能增加心肌营养性血流量，改善微循环，增加心肌供氧。蟾酥制剂和毒毛旋花子苷 K 均能增进麻醉犬的心肌收缩力及作用时间，在给药早期，蟾酥组中各项参数上升率比毒毛旋花子苷 K 组明显提高，结果显示蟾酥对心肌具有双重正性变力效应。实验结果表明，蟾酥对急性心肌缺血有一定的保护作用。

（8）升高白细胞和抗辐射作用

蟾酥制剂合并化疗和放疗使用，治疗多种癌症时，有不同程度地防止化疗和放疗引起的白细胞下降。其中 5-羟色胺、蟾蜍色胺、5-甲氧基色胺、N-甲基-5-羟色胺均有抗辐射作用。

（9）毒性作用

蟾酥对小鼠的 LD_{50}（毫克/千克）：静脉注射为 41.0，皮下注射为 96.6，腹腔注射为 26.8。小鼠急性中毒表现为呼吸急促，肌肉痉挛，惊厥，心律不齐，最后麻痹而死。阿托品有解毒效果。

3. 采收与加工

（1）适宜采集蟾酥的种类

蟾酥为常用名贵中药材，为蟾蜍科动物中华大蟾蜍、黑眶蟾蜍及其近缘种花背蟾蜍、华西蟾蜍等耳后腺及皮肤腺的分泌物。但以中华大蟾蜍的蟾酥为最佳，一般 1500 只蟾蜍可刮 0.5 千克的鲜浆。台湾蟾蜍、曼谷蟾蜍的耳后腺分泌物也可作为蟾酥用。

（2）采收时间

中华大蟾蜍在春季产卵繁殖季节之后经 10～15 天的恢复期，即可进行采收蟾酥。一般从春季到秋季均可采收蟾酥，6～7 月是采酥的高峰期，活体采浆一般每 2 周采浆 1 次。冬眠前 15～30 天应停止采浆，以利于蟾蜍贮备能量越冬。另据报道，测定中华大蟾蜍不同季节采集的耳后腺分泌物的结果表明，秋季蟾酥中蟾毒配基类化合物含量较高。将蟾酥采收期定在秋季，可以避免中华大蟾蜍产卵繁殖，可保护其资源。

（3）采集工具

① 采酥夹。采酥夹可自制或到药材公司购买铜、铝（或铝合金）夹。自制采酥夹可选用一段 20 厘米长、直径 5～7 厘米的优质竹筒，将竹筒劈成两片后，在两片竹筒的同一边装上合页（如为铁质合页装在竹筒外侧），再在装合页侧的竹筒外侧装上一根弹簧。采酥夹用手一握即合成筒状，手松开时，由于弹簧的拉力作用，竹筒的拉力又使竹筒分为两半。

② 竹刀或夹钳。选取一段长 10 厘米、宽 5～7 厘米的竹刀。

③ 浆液盛器。适当的搪瓷或陶瓷或玻璃容器。

④ 其他。40～80 目和 100 目的尼龙丝或铜丝筛、手套、口罩、眼镜、紫草水、玻璃板、长柄捞网、角篓等。

（4）蟾酥的采集与加工

1）蟾蜍的处理。一般是利用早晚和雨后，选择中华大蟾蜍活动的水区，用长柄捞网捕捞，装入角篓，洗去泥苔，待其体表水分充分晾干后，拿到离水较远的地方。为了使中华大蟾蜍能够分泌较多的浆液，采集蟾酥时，可用木尖或竹尖刺痛其头部，也可将辣椒或大蒜放入蟾蜍口中，或用酒精涂擦耳后腺和皮肤腺以刺激其分泌浆液。采集蟾酥时，如遇阴雨天，可用慢火或日光灯烘干。

2）采集。取酥时，用左手将蟾蜍从头往下捋，最后捉住前后四条腿。这时蟾蜍腹部、耳后腺鼓胀起来，然后用右手用采酥夹挤耳后腺及皮肤腺，听到一阵丝丝的声音，说明浆已挤出来了。挤出来的浆液喷射到采酥夹或滴入盛器中。为了保护珍稀药物资源，用采酥夹挤浆时，用力要适度，动作要敏捷，以免造成创伤，一般每个腺体夹挤2～3次即可。在夹挤腺体时，用力以腺体张口为宜。如果用力过轻很难全部挤出浆液；如用力过重常将蟾蜍腺体皮肤撕伤或挤出血液，这样不仅影响蟾酥质量，而且会影响下次采集浆液，甚至使蟾蜍感染死亡。如无采酥夹，可用竹夹或竹片板刮取蟾蜍耳后腺和皮肤腺的浆液。刮出的蟾酥，置于瓷盆或瓷碗中。大约1500只可以刮浆500克左右。取酥后的蟾蜍随即放到田间或草地之荫蔽干燥的地方，不可放入水中，严防伤口感染造成中华大蟾蜍死亡。

3）加工。将采集的蟾酥鲜浆液，放入40～80目尼龙丝或铜丝筛上，用竹刀将鲜浆刮滤下去，除去杂质，直到筛面全部是杂质才停止。也可加入15%清洁水拌均匀再过筛。然后将过筛的纯浆摊到大小适中的玻璃板上（长30厘米、宽15厘米），并用竹刀将鲜浆铺平使表面光滑，厚度为2～2.5毫米，然后置于阳光下晒干或用烘箱烘干（温度40～60℃为宜），即成"片酥"。或将纯浆置于圆形模具中晒至七成干后，取下，再晒干，即成"团酥"、"块酥"（见图7-1）。将过滤的纯浆置于玻璃器皿内，加工成扁圆形，形似围棋子状即成"棋子酥"。

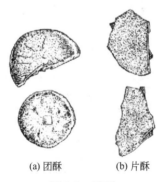

(a) 团酥　　　　(b) 片酥

图7-1　蟾酥

4）注意事项。中华大蟾蜍的药用价值极高，如不加以保护，势必造成资源越来越少。采集蟾酥时要注意以下几点。①为保护资源，进行持续性生产，采集蟾蜍应避开蟾蜍的繁殖季节。②为防止闷死中华大蟾蜍，在捕捉后切不要用塑料袋装。③刮浆很容易造成中华大蟾蜍表皮发炎，刮浆时要用力适度，避免造成蟾蜍皮肤损伤。④刮浆后的中华大蟾蜍不能立即放在水中，严防伤口感染而造成死亡。⑤刮浆后，需加强饲养管理，隔30天后，才能第2次刮浆。⑥蟾酥遇铁质器具即变黑，在整个操作过程中，切忌与铁器接触，否则会影响蟾酥质量。⑦刮浆时为防止浆液溅入眼中，操作过程中应戴眼镜。一旦溅入眼中马上用清水冲洗，出现眼肿可用紫草汁洗患部，并及时就近就诊。⑧在高温季节鲜浆存放不能超过6小时，如遇阴雨天，放在40～60℃烘箱内烘干，成品色泽较好。⑨所用工具设备要冲洗干净，以防混入杂物，影响蟾酥质量。

4. 商品规格

① 鲜浆。蟾酥鲜浆以新鲜洁白、浆粒微黄、油而发亮、黏性大、拉力强者为佳。

② 团酥。山东等地加工成饼酥，即团酥。团酥直径3～7厘米，厚约5毫米，茶棕色、紫黑色或紫红色，表面光滑。质坚硬，不易折断，断面光亮，胶质状。气微腥，味麻辣，粉末嗅之做嚏。遇水即泛出白色乳状液。

③ 片酥。呈不规则片状，大小不一，厚约2毫米，一面光滑，一面粗糙，质脆，易折断，面红棕色，半透明。

④ 棋子酥。状如棋子，故名。每块重13～16克。其他性质同团酥。

蟾酥规格一般有团酥、片酥、棋子酥3种（见表7-1）。

表7-1　蟾酥商品规格标准

规格	别　名	外　形	大　小
团酥	块酥、光东酥	扁圆形、团块状或饼状	直径4～8厘米，厚4毫米
片酥	片子酥、盘酥	圆形，浅盘状或长方形片状	厚约2毫米
棋子酥	杜酥	扁圆形，似象棋子状	

5. 收购标准

目前，收购蟾蜍的质量标准，主要是根据老药工的经验鉴别制定的。蟾蜍主要产地山东药材公司的鉴别方法是将蟾蜍放在100瓦白炽灯所形成的光路上，以光线能均匀通过者为佳。具体标准规格见表7-2。

表 7-2　蟾酥的收购标准

等级	质 量 标 准
一等	货干,纯净,棕色或红棕色;外表光亮,断面质量均一,角胶性,微有光泽;呈扁圆形饼状,直径 7~8 厘米,厚度 1.5~2 厘米,每 500 克 4~5 个,个头均匀
二等	货干,纯净度较差,棕褐色或紫褐色;外表光滑,断面质量均一,角胶性,微有光泽;呈扁圆形饼状,直径 7~8 厘米,厚度 1.5~2 厘米,每 500 克 4~5 个,个头均匀
三等	货干,不符合一、二等的,以及手酥,块状,大小不分;杂质最多不超过 10%

6. 优劣评价

蟾酥商品均以色红棕、断面角质状、半透明、有光泽者为佳。各种商品中,尤以江苏启东所产棋子酥最佳,有"杜酥"之称;山东所产的"光酥"亦为上品。蟾酥商品优劣评价常用方法如下:①片酥或饼酥对光照视应为半透明体,若发暗不明亮,则其中多掺有过多杂质(面粉等);②刀切开若有"包馅"亦为次品;③将蟾酥蘸水研磨,纯净优质者应呈乳白色汁液;④在蟾酥上涂以少许唾液,瞬间变为白色泡沫者为佳;⑤用舌尖沾蟾酥(要注意安全),能感到较长时间麻痹者为佳。

7. 贮藏

蟾酥易发霉,短期保管可把采集加工的蟾酥放在干燥通风的地方。如发现表面霉变,用布蘸麻油揩之即可。长期保管需把采集加工的蟾酥用牛皮纸包裹装入缸内,称取 0.5 千克干石灰粉放在缸底,石灰上面铺几层干草或几层卫生纸,密封保存。蟾酥有毒,应按有关规定管理。

(二) 干蟾

中华大蟾蜍或黑眶蟾蜍等的干燥全体入药称为干蟾。

1. 化学成分

中华大蟾蜍含胆甾醇、蟾毒灵、日蟾毒它灵、β-谷甾醇、蟾毒它灵、华蟾毒精、脂蟾毒配基、远华蟾毒精、去氢蟾蜍色胺氢溴酸盐等。黑眶蟾蜍含蟾蜍碱、蟾蜍甲碱等成分,还含吲哚类成分,如 5-烃色胺、蟾蜍色胺、华蟾色胺等。

2. 药理作用

(1) 强心作用

干蟾制剂可增强心肌收缩力,增加心搏出量,减低心率,并消除水肿与呼吸困难，类洋地黄样作用。

（2）升压作用

本品升压作用迅速而平稳，维持时间长且能使肾、脑、冠脉血流量增加，优于肾上腺素缩血管药。

（3）局麻作用

用豚鼠角膜试验，眼内滴入等量药物后，每隔 5 分钟刺激 6 次，共 30 分钟，统计 30 分钟内刺激角膜不发生反应的次数，以无反应的百分率作为局麻过程指标，发现其局麻作用大部分比可卡因强。

（4）抗肿瘤作用

蟾蜍制剂具有增高小鼠脾脏溶血形成细胞（PEC）活性率，促进巨噬细胞功能及增高血清溶菌酶等作用。近年用于肿瘤治疗，对胃癌、食管癌、膀胱癌、肝癌、白血病等有一定疗效。

另外，干蟾对免疫系统及循环系统等方面也有作用。

3. 采收加工

夏秋季节捕捉将蟾酥取出，处死后直接晒干或挂在通风处阴干，有条件的放烘箱上用炭火烘，随时翻动。

4. 商品规格

干蟾全体呈干瘪状，拘挛抽收，纵面有棱角，四肢完整，伸缩不一，表面灰绿色或绿棕色。背面通体有散在小黑点，并带有瘰疣，腹面土褐色并有黑斑（见图 7-2）。气微腥，味辛。

图 7-2　干蟾

5. 优劣评价

干蟾商品不分等级，均为统货。干蟾商品以个大、形完整、无虫蛀霉变者为佳。

（三）蟾皮

蟾皮为中华大蟾蜍、黑眶蟾蜍除去内脏的干燥体。

1. 药理作用

（1）对免疫功能的作用

华蟾素是中华大蟾蜍全皮中提取的水溶性制剂。华蟾素可显著升高正常与免疫抑制及致敏小鼠血清 IgG 的含量，对体液细胞及非特异性细胞免疫功能均有促进作用。

（2）对乙型肝炎的抑制作用

华蟾素能明显抑制 DHBV 的复制，具有较强的抗病毒作用。

（3）抗癌作用

口服给予 20 克/千克华蟾素显著抑制小鼠肉瘤（S154）等肿瘤生长，抑制率达 30％以上。从新鲜蟾皮中提取阿瑞纳蟾蜍精 10 微克，对小鼠 P388 白血病细胞生长的抑制率为 52％。

（4）升高血压作用

阿瑞纳蟾蜍精 300 微克可使大鼠血压升高 5.33 千帕（40 毫米汞柱），维持 40 分钟。

（5）毒性

华蟾素大剂量使用时，有血小板数略升高及白细胞数略降低现象。

2. 采收加工

夏秋季捕捉后，先采出蟾酥，然后剖腹除去内脏，洗去血污后用竹片将其体腔撑开晒干，或挂在通风处阴干。

3. 商品规格

本品呈扁平板状，厚约 0.5 毫米，头部略呈三角形。四肢屈曲向外伸出，背部灰褐色，布有大小不等的疣状突起，色较深；腹部黄白色，疣点较细小。头部较平滑，耳后腺明显，呈长圆形，八字状排列。内表面灰白色，与疣点相对处有同样大小的黑色浅凹点。较完整者四肢展平后，前肢趾间无蹼；后肢长而粗壮，趾间有蹼。质韧，不易折断。气微腥，味微麻。

4. 优劣评价

《江苏省中药材标准》1989 年版规定，本品醇浸出物不得少于 3.0%。

（四）蟾蜕

蟾蜕又称蟾衣、蟾壳、蟾蜍衣等，是活中华大蟾蜍自行蜕下的角质表皮。

『科技前沿』

蟾蜕未见于本草文献记载，从本草文献中对蟾蜍各药用部位的采集使用情况描述来看，蟾蜕明显与干蟾、蟾皮、干蟾皮等不符。中华大蟾蜍多选择僻静隐蔽之地，时间持续很短，且边蜕皮边吃不留痕迹，很难被发现，更不用说加以利用了。即使虽曾被人偶尔发现过，但因未能进行人工采集，产量太低，不够使用，因此无法达到应有的疗效，遂被逐渐埋没。所以，蟾蜕未见于本草文献记载。直到20世纪末，蟾蜕才被发现并进行了人工大量采集，用于治疗肿瘤等疾病，并取得一定的疗效。鉴于未查到与蟾蜕类似物的本草文献记载，故蟾蜕为中华大蟾蜍的一个新药用部位。

1. 中华大蟾蜍的蜕皮

（1）蜕皮季节

中华大蟾蜍每年仅春、夏、秋蜕皮 1～3 次，蜕皮形成一张蟾衣需 2 个月。蜕皮季节为 4～6 月，高峰季节 6～9 月，一般以气温在 20℃左右为适宜。中华大蟾蜍蜕皮一般在晚上进行。中华大蟾蜍蜕皮是一个复杂的生理过程，在蜕皮期间中华大蟾蜍需要全神贯注，缺乏自我保护能力，因此多选择僻静隐蔽之地，而时间又持续很短，且边蜕皮边吃不留痕迹，故很难被发现。

（2）蜕皮过程

大约在每年的 4 月，天气渐渐转暖，中华大蟾蜍由冬眠转入活动期，此时开始爬出土穴或从水底淤泥中钻出，吞食鲜活昆虫或其他小动物，不久即会开始蜕皮。中华大蟾蜍脱皮前有多种症状，只要把握这些症状，就能轻易脱取蟾衣。中华大蟾蜍蜕皮多选择僻静隐蔽之处，蜕皮前，活动减少，表现为离群倾向，反应迟钝，单独停留一处。蜕皮时，钻出水面，爬向岸上干燥处，单独停留而不与其他蟾蜍在一起，独自待在清静的地方，并且反应迟钝，这种中华大蟾蜍将在不长时间内蜕皮。中华大蟾蜍蜕皮一般从背部开始，首先蟾蜍背部肌肉收缩弓起，使后背产生一与脊柱垂直的横突起，将衣膜撑破，突起处出现纵向和横向开裂的缝隙，然后蟾蜍以后肢为工具从背下部中间将衣膜向前向外撕扯，不断将缝隙拉大，接着中华大蟾蜍后肢停止运动，转而以前肢将头部的衣膜不断地向前撸，犹如人脱背心状。很快，中华大蟾蜍的眼睛和嘴巴也露了出来。接着，中华大蟾蜍又开始以前后肢并用将背部、头部和腹部剩余的衣膜扯下。最后，中华大蟾蜍又用嘴巴咬住前后肢上的残余衣膜，将其扯去，从而完成了蜕皮的全过程。而蜕下的衣膜蟾蜍并没有将其丢弃，而是边蜕皮边吃，很快将其吞入肚内。全程5～10分钟。此时如能及时捡取衣膜，展开晾干，即为中药材蟾蜕。

2. 蟾蜕的药理作用

缪珠雷等研究发现，服用蟾蜕以后S180肉瘤、H 22肝癌实体瘤、Lewis肺癌荷瘤小鼠肿瘤有明显缩小，Lewis肺癌荷瘤小鼠T淋巴细胞转化率和NK细胞杀伤活性均有明显上升，大剂量服用蟾蜕对小鼠无明显毒副作用。该研究表明：蟾蜕在动物体内具有明显的抗肿瘤效果和增强免疫效应，是一种安全的可用于抗肿瘤治疗的药用动物新资源。

3. 蟾蜕的采集与加工

(1) 蜕皮蟾蜍的选择

用于生产蟾衣的中华大蟾蜍应四肢齐全，健壮，无病，腹部、肢部无明显蜕衣花纹，个体重在75克以上的2～3岁的成年中华大蟾蜍。从外表看，背部疙瘩多、皮肤粗糙、老化程度高，且无光泽；腹部皮肤松弛、粗糙，并且在皮肤表层有许多凸出的黑色斑点。黑色斑点凸出越多越好，用手触摸有明显感觉，这样的中华大蟾蜍3～5天可蜕皮。有些个体在自然界中已经蜕皮，它们皮肤细腻有光泽，看上去很嫩，这些中华大蟾蜍不能用来蜕皮，只能用于提取蟾酥。

『专家提示』

收取蟾酥是用金属夹子、镊子之类硬器去夹或刮蟾蜍耳后腺，挤出蟾酥会伤及蟾体皮肤，甚至发炎溃烂，使蟾体极度虚弱。所以，取蟾酥与采蟾衣不可同时进行，两者无法在一只蟾体上兼得，除非间隔1~2个月以上。

(2) 饲养设施

可在室内用玻璃围成 2.5 米×1.5 米×0.6 米蜕蟾衣池一个，池子建成一头高一头略低，并用水泥抹平，池底的一头设下水道，池上安照明设备。

(3) 蟾衣的采集

将无任何损伤、体重 75 克以上蟾蜍放入蜕蟾衣池，用清水冲洗去其体表污垢，不喂食物，在室温 15~35℃内干养，第 3~5 天开始自行蜕皮，第 7 天达到高峰。由于蟾蜍是边蜕皮边吃，所以人要守候。一般晚上下半夜是蜕皮高峰。蜕皮前，蟾蜍表现离群，单独停留一处，反应迟钝，体表发亮，有时渗出黏液，腹部呈膨胀运气状。当这些症状出现后，10 分钟左右即开始蜕皮。刚蜕下的蟾衣有黏液，应立即用清水漂洗干净，再飘展于水中，向静水中伸入一块玻璃，然后用不锈钢镊子把蟾衣放在事先准备好的 25 厘米长、12 厘米宽的玻璃板上轻轻展开，展开时不要拉破，否则影响其商品质量。待蟾衣全部粘在玻璃上后即离水，连同玻璃放室内晾干或红外线消毒柜中烘干，一般九成干即为成品。经包装密封保存或出售。蜕过衣的中华大蟾蜍放在另一池内 2 小时，待其体干后放回养殖池内加强饲养管理，待秋冬再取衣。

4. 商品规格

蟾蜕，比蟾蜍的实际形体略大。蟾蜕形状和蟾蜍相似，略呈 H 形，呈薄膜状，半透明，角质，四肢向前后伸展。表面粗糙，全身散布众多大小不一的瘰疣粒，习称痱磊。较大的痱磊在躯干背部和四肢外侧较多，尤以背部脊柱上方及其两侧和后肢大腿外侧阳面最密集，手感粗糙。腹部及四肢内侧阴面较少，而手感稍显平坦。另外蟾蜕全身还分布有大量较小的浅黑色或黑色小点。蟾蜕头部向前伸出，半圆形，常皱缩而略显不平，眼、耳及耳后腺均不明显。躯干呈类方形至宽长方形，前端头部两侧的肩部凹入而呈半圆形，前后肢间及胸腹两侧稍向外凸而呈弧形，两后肢间的尾部内缩或稍凸呈圆弧状。蟾蜕后肢略长于前肢，从躯干部延伸成三角形。后肢趾间有蹼相连呈波状，未连部分呈短尖状或因蜕下时未全部伸展而折叠成平截状。蟾蜕鲜品或用水浸泡湿润后，柔软而有滑腻感。干燥品体轻，质坚而脆，稍加力即可撕裂，撕裂后裂缝不平直。闻之气微，味淡而略腥，入口嚼有黏滑感。蟾蜕产地民间习惯上以形态完整、体大厚实、痱磊多且大、手感粗糙者为佳。

5. 蟾蜕的品质标准

① 特级。完整标本状。要求全身脱皮完整，皮质干净、无杂质、无孔洞、无烂痕迹。

② 一级。基本标本状，有缺口、无洞眼。要求全身蜕皮完整，皮质干净、无杂质、无孔洞、无烂痕迹。

③ 二级。条片状，薄如蝉翼，有肢爪，长 10 厘米、宽 3 厘米以上。要求全身蜕皮完整，无杂质，无孔洞，无烂痕迹。

④ 三级。无序碎片，但不过分厚。

（五）蟾头

蟾头为中华大蟾蜍、黑眶蟾蜍的头部。

1. 采收加工

夏秋季，捕捉后，剥头，用细绳拴起阴干。

2. 商品规格

头部近三角形，其宽大于长或近等长。吻端圆。口大，近半圆形，闭合或略开一缝隙。口内无锄骨齿，上下颌亦无齿。吻棱较显著，近吻端有小的圆形鼻孔 1 对。眼隆起或内陷，闭合或成窄缝。两眼后有一圆形鼓膜，棕褐色。背面灰褐色、绿褐色或黑褐色，较平滑；腹面色浅，呈黄绿色、棕黄色或棕红色，有突起的点状棕褐色或黑褐色斑点。质坚韧，不易破碎。气腥臭，味微咸，有麻舌感。

（六）蟾胆、蟾蜍肝、蟾舌

蟾胆、蟾蜍肝、蟾舌分别为中华大蟾蜍、黑眶蟾蜍的胆囊、肝脏、舌。夏、秋季捕捉后，分别剖出胆囊、肝、舌，洗净，鲜用。

二、中华大蟾蜍所产中药材的炮制

（一）蟾酥的炮制

1. 蟾酥粉

取原药材，捣碎，研成细粉。蟾酥粉呈棕褐色粉末状。气微腥，味初甜而后有持久的麻辣感，粉末嗅之作嚏。

2. 酒蟾酥

取原药材，捣碎，用白酒浸渍，不断搅动至呈稠膏状，干燥，粉碎。每 10 千克蟾酥，用白酒 10 千克。酒蟾酥成品性状同蟾酥粉。

3. 乳蟾酥

取原药材，捣碎，用鲜牛奶浸渍，不断搅动至呈稠膏状，干燥，粉碎。每 10 千克蟾酥，用白酒 10 千克。乳蟾酥呈灰棕色粉末，气味及刺激性较蟾酥粉弱。

另外，蒙古族还有将蟾酥团蒸软，切薄片，烤焦枯以后研末用的炮制方法。

（二）干蟾的炮制

干蟾，刷去灰屑、泥土，剪去头爪，切成方块。

制干蟾取净干蟾，照砂烫法炒至鼓泡，微焦。或取净干蟾，在微火上燎至发泡，并有焦香味。

三、中华大蟾蜍所产中药材的鉴别

（一）蟾酥的鉴别

1. 原动物鉴别

据中国药典规定蟾酥来源是蟾蜍科动物中华大蟾蜍（*Bufo bufo gargarizans* Cantor）或黑眶蟾蜍（*Bufo melanostictus* Schneider）的干燥分泌物。在我国蟾蜍资源较为丰富，自然分布的蟾蜍有 2 属、16 种（亚种），遍布全国各地。在原动物鉴别过程中，可参考我国蟾蜍属分种检索表进行蟾蜍种类鉴别。

蟾蜍属分种检索

1. 无鼓膜及鼓环 ······································· 2

有鼓膜及鼓环 ······································· 4

2. 耳后腺短宽，其长宽之比为 5∶4；两肩之间疣粒排列呈
"八"字形 ······························· 史氏蟾蜍

耳后腺长，其长宽之比为 2∶1；两肩之间无"八"字形疣···
··· 3

3. 体小（雄体 40 毫米，雌体 53 毫米左右）；背面疣粒密集，
杂以少数小瘰粒（直径 1~1.5 毫米）；趾下无关节瘤 ··· 哀牢蟾蜍

体大（雄体 65~70 毫米，雌体 60~77 毫米）；背部疣粒较稀
疏，瘰粒较大 ····························· 隐耳蟾蜍

4. 头部具骨质棱，棱上多角质化 ······················ 5

头部无骨质棱 ······································· 8

5. 头棱不呈黑色，眼后鼓膜上方有粗厚的鼓上棱，其后为耳
后腺；体侧、四肢及体腹面均满布白刺疣 ············ 头盔蟾蜍

头棱呈黑色；体侧、四肢及体腹面刺疣不呈白色 ········· 6

6. 头顶两眼间有 1 对略呈"（ ）"形的黑色眶上棱；头顶后
部隆起；耳后腺长大，雌性背面有对称斑纹 ·········· 隆枕蟾蜍

眶上棱不呈"（ ）"形，沿上眼眶部位向外侧弯曲 ········· 7

7. 鼓膜大而显著；眶上棱黑色；体背具角质瘰疣；耳后腺较
小，不紧接在眼后 ························· 黑眶蟾蜍

鼓膜小；眶上棱黑色或不黑；体背具腺质瘰疣；耳后腺较大，
紧接在眼后 ····························· 喜山蟾蜍

8. 背面花斑显著；雄性有声囊 ······················ 9

背面无显著花斑；雄性无声囊 ······················ 13

9. 第四指短，为第三指的 1/2；外蹠突小。生活时雌性背面多
为浅绿色（雄性橄榄黄色），上有明显的酱色花斑；疣粒上有红点
····································· 花背蟾蜍

第四指长，为第三指的 3/4；外蹠突大。生活时背面为绿色或
灰色；有浅色或深色花斑 ····························· 10

10. 耳后腺小，呈逗号形，长略大于宽；掌部疣粒较少，约 10
枚左右；鼻骨小，左右分开；蝶筛骨显露多；雄性内声囊无黑色
····································· 札达蟾蜍

耳后腺较大，长为宽的 2 倍；掌部疣粒较多，约 20 枚左右；鼻骨大，左右相接触；蝶筛骨不显露；雄性内声囊黑色 ⋯⋯⋯ 11

11. 耳后腺楔形；内跗褶薄片状，经踝突与第五趾缘膜相连；眼下方有 1 个深棕色大斑 ⋯⋯⋯⋯⋯⋯⋯⋯⋯ 帕米尔蟾蜍

耳后腺长椭圆形；内跗褶厚实，仅达踝突；眼下方无大斑 ⋯⋯⋯⋯⋯⋯⋯⋯⋯⋯⋯⋯⋯⋯⋯⋯⋯⋯⋯⋯⋯ 塔里木蟾蜍

12. 内掌突大，等于或大于外掌突的 1/2；四肢背面有横纹；雌性体背面满布长形或圆形斑 ⋯⋯⋯⋯⋯ 塔里木蟾蜍北疆亚种

内掌突小，不及外掌突的 1/2；四肢背面无横纹；雌性体背面圆斑稀少 ⋯⋯⋯⋯⋯⋯⋯⋯⋯⋯ 塔里木蟾蜍指名亚种

13. 从枕部至肛上方有 1 条蓝灰色宽纵脊纹 ⋯⋯⋯ 西藏蟾蜍

从枕部至肛上方没有宽脊纹 ⋯⋯⋯⋯⋯⋯⋯⋯⋯⋯ 14

14. 胫部无大瘰粒；鼓膜很小 ⋯⋯⋯⋯⋯⋯⋯⋯ 盘谷蟾蜍

胫部有大瘰粒；鼓膜大或小 ⋯⋯⋯⋯⋯⋯⋯⋯⋯ 15

15. 腹面无深色斑纹或斑纹不显著，腹后部无深色大斑块 ⋯⋯⋯⋯⋯⋯⋯⋯⋯⋯⋯⋯⋯⋯⋯⋯⋯⋯⋯⋯⋯ 圆疣蟾蜍

腹面斑纹极显著，腹后部有 1 深色大斑块 ⋯⋯⋯ 中华大蟾蜍

2. 性状鉴别

蟾酥因加工方法不同而呈扁圆形团块状（团酥）或不规则片状（片酥）。表面光亮，有的不平，具皱纹，淡黄色、紫红色或棕黑色。团块状者质坚，不易折断，断面棕褐色，角质状，微有光泽；片状者质脆，易碎，断面红棕色，半透明。气微腥，味苦而有持久的麻辣感，粉末嗅之作嚏。断面沾水即呈乳白色隆起。以红棕色、断面角质状、半透明、有光泽者为佳。

3. 显微鉴别

取中华大蟾蜍、黑眶蟾蜍、华西大蟾蜍和花背蟾蜍耳后腺分泌物少许，按表 7-3 中方法进行显微观察，结果见表 7-3 和图 7-3。

表 7-3　4 种蟾蜍耳后腺分泌物显微特征

原动物	水合氯醛装片加热镜下观察	硫酸装片镜下观察
中华大蟾蜍	可见上面有极密条状纹的片状结构及无色片状结构	可见中央透明的片状结构，橙红色，溶解迅速
黑眶蟾蜍	可见无色片状结构	可见棕色片状结构，缓慢溶解

续表

原动物	水合氯醛装片加热镜下观察	硫酸装片镜下观察
华西大蟾蜍	可见无色条状物及无色片状结构	可见到中央透明的片状结构,橙黄色,其边缘不明显,逐渐溶解
花背蟾蜍	可见黄色片状结构	可见中间透明片状结构,橙黄色,逐渐溶解

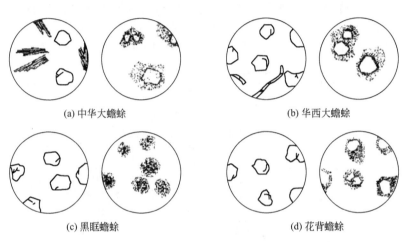

(a) 中华大蟾蜍　　　　　　　　　(b) 华西大蟾蜍

(c) 黑眶蟾蜍　　　　　　　　　(d) 花背蟾蜍

图 7-3　4 种蟾蜍耳后腺分泌物镜检图

4. 理化鉴别

灰分测定本品总灰分不得过 5.0%;酸不溶性灰分不得过 2.0%。华蟾酥毒基和脂蟾毒配基含量测定用高效液相色谱法,本品按干燥品计算,含华蟾酥毒基和脂蟾毒配基的含量不得少于 6.0%。

取本品粉末 0.1 克,加甲醇 5 毫升,浸泡 1 小时,滤过,滤液加对二甲氨基苯甲醛固体少量,滴加硫酸数滴,即显蓝紫色。

取本品粉末 0.1 克,加氯仿 5 毫升,浸泡 1 小时,滤过,滤液蒸干,残渣加醋酐少量使溶解,滴加硫酸,初显蓝紫色,渐变为蓝绿色。

取本品粉末 1 克置试管中,加水 5 毫升浸泡 10 分钟,取上清液滴加双缩脲试剂数滴,溶液如变成浅红色或棕红色,则可能掺有蛋白类物质。

5. 真伪鉴别

蟾酥在复方及中药配伍方面占有重要位置，又因其价格贵，掺伪现象较多。一般通过外观性状来鉴别蟾酥的真伪。正品蟾酥的外观性状前面已做过介绍，下面列举几种掺假蟾酥制品的性状。加淀粉的蟾酥质硬，片厚，对着光时掺伪品不透明，韧性差，手捻无柔软感。加玻璃粉的蟾酥虽表面透明，但有闪光。加豆腐粉的蟾酥透明性差，干片剥开后，口不齐。加伞纸的蟾酥干片剥开后口不齐，加双氧水不起白泡沫。加松香粉的蟾酥虽然颜色与鲜蟾酥相似，也透明，但有松香味，燃之更明显。蟾酥真伪鉴别方法见表7-4。

表7-4　蟾酥真伪经验鉴别

方　　法	蟾　　酥	伪　　品
闻	微带腥味，稍有酥粉入鼻，即引起长时间的打嚏	有掺假物的气味，如掺入蛋清，则有蛋腥气
尝	味苦，并产生强烈持久的麻辣感和刺涩味	麻辣感和刺涩味减弱或无
水泡(取样品一小块投入水中5～6分钟)	膨胀发达，出现乳白色浆汁凸起，像棉花团浮在水上，酥渣溶解后下沉水底	无乳白色浆汁凸起，含有面粉者，则自行散开；含沙子、沙泥者，则下沉
水溶物振摇	泡沫多，持续时间长	泡沫少或无
在样品上滴加碘酒	黄褐色	如掺有面粉、豆粉则呈黑色、蓝色或黑褐色
取少许样品放在锡纸上或其他金属上，下面加热或置酒精灯上直接加热	常见有泡状物，油状物，出烟，气微腥	无泡状物，油量大。烟浓，气臭，异味

(二) 蟾皮的鉴别

1. 中华大蟾蜍的蟾皮

蟾皮呈扁平板状，体长7～10厘米，头部呈钝三角线，吻棱明显，鼻间距小于眼间距；耳后腺明显，椭圆形，长1厘米余。四肢屈曲，前肢第2、3趾有不明显的缘膜，后肢趾侧缘膜明显，基部相连或半蹼。皮灰绿至褐色，极粗糙，背面布满大小不等的圆形瘰粒，质韧，不易折断。气微腥，味微麻辣。

2. 黑眶蟾蜍的蟾皮

性状与中华大蟾蜍蟾皮相似，但自吻端起沿棱和上眼睑内侧直到眼后角上方有黑色明显骨质崤棱，可与中华大蟾蜍蟾皮区别。

3. 华西大蟾蜍的蟾皮

与中华大蟾蜍蟾皮相似，不易区别。

4. 花背蟾蜍的蟾皮

体小，长5厘米左右，瘰粒少而不明显。常有伪品蛙皮混入，但蛙皮无瘰粒，较平滑，无耳后腺。

四、中华大蟾蜍所产中药材的临床应用

（一）蟾酥

1. 性味功效

甘、辛、温，有大毒。归心、胃经。具有解毒、消肿、止痛、开窍等功效。主治疔疮，痈疽，发背，瘰疬，咽喉肿痛，小儿疳积，风、虫牙痛，现代亦用于慢性骨髓炎、心力衰竭、恶性肿瘤等。

2. 用法用量

一般多作外用，研末调敷或以水溶化澄清涂洗。内服0.015～0.03克，入丸、散，或加水溶解取澄清液服。蟾酥毒性强烈，内服宜慎，应严格控制剂量，以防中毒。孕妇忌用。外用时不可入目。

3. 验方举例

① 治肿毒。蟾酥、石灰各等份，和匀成小饼，贴疮头上，以膏盖之即破。

② 治牙痛。蟾酥2克，汤浸，研细为丸如麻子大，每用1丸，以绵裹于痛处咬之，有涎即吐。

③ 治肉刺（鸡眼）。用针扎破，以蟾酥五分（汤化）调铅粉一钱，涂之裹之。

④ 治疔肿。蟾酥一枚，为末，以白面和黄丹丸如麦颗状，针破患处，以一粒纳之。

（二）干蟾

1. 性味功效

性凉，味辛甘，有毒。具有消肿解毒、止痛、利尿等功效。可用于治疗痈肿疮毒、小儿疳积、咽喉肿痛、水肿、小便不利、慢性

支气管炎。近年来也用于治疗肿瘤，对胃癌、食道癌、膀胱癌、肝癌、白血病等有一定疗效。

2. 用法用量

外用：适量，烧存性研末敷或调涂；或活蟾蜍捣敷。内服：煎汤，或入丸、散，1～3 克。孕妇忌服。

3. 验方举例

① 治癣。干蟾烧灰，研末，以猪脂和涂之。

② 治胃癌、肝癌、膀胱癌。将活蟾蜍晒干烤酥后研粉，和面粉糊做成黄豆粒大小的小丸。面粉与蟾蜍粉的比例为 1∶3。每 100 丸用雄黄 1.5 克为衣。成人每次 5 克，每日 3 次，饭后开水送下。过量时有恶心、头晕感。

③ 治痈肿疔疖。蟾蜍研细粉，醋调敷患处。

（三）蟾皮

1. 性味功效

味苦，性凉，有毒。具清热解毒、利水消胀功效。主治痈疽、肿毒、湿疹、慢性气管炎等。

2. 用法用量

内服：煎汤，3～9 克；或研末。外用：适量，鲜用敷贴；或干品研末调敷。

3. 验方举例

① 治早期鼻咽癌。干蟾皮、苍耳子、炮山甲各 9 克，夏枯草、蜀羊、海藻各 15 克，蜂房、昆布各 12 克，蛇穴谷、石见穿各 30 克，水煎饮，每日 1 贴。

② 治肿毒。干蟾皮不拘多少，研为末，金银花露调敷。

（四）蟾蜕

蟾蜕为近年来开发的一种新的动物性原料药材，其药性辛、凉、微毒，具有清热、解毒、消肿、强心、利尿、抗癌、麻醉、抗辐射等功效。经上海交通大学微电子技术研究所量子医学研究中心检测，蟾蜕对恶性肿瘤、淋巴癌、消化道癌、乳腺癌、卵巢癌、子宫癌、肝癌、白血病、乙肝、肝硬化、慢性支气管炎、水肿等病的治疗和消肿均有较好的效果。

（五）蟾头

1. 性味功效

性凉，味辛、苦。主治小儿疳积。

2. 用法用量

鲜蟾头炙黄，配其他药研末，炼蜜为丸，内服，需在医师指导下服用。

（六）蟾胆

1. 性味功效

味苦，性寒，归肺、肝经。具有止咳祛痰、解毒散结功效。用于气管炎、小儿失音、早期淋巴结核、鼻疔。

2. 用法用量

内服：服用时将鲜蟾胆汁 3～6 克用开水冲服。外用：适量，捣烂搽；或鲜取汁滴。

3. 验方举例

① 治气管炎。蟾蜍胆 3 个，白开水冲服，日服 2 次。

② 治早期淋巴结核。蟾蜍胆几个，取胆汁涂患处。

（七）蟾蜍肝

1、性味功效

味辛、苦，性凉。具有解毒、散结、消肿功效。用于痈疽疮肿、疔毒、蛇咬伤等。

2. 用法用量

外用：适量，捣烂敷。内服：煎汤，1～2 个。

3. 验方举例

① 治疔疮。蟾蜍肝 1 具、丁香 6 克、朱砂 6 克，共研末，敷于患处。

② 治蛇咬伤。鲜癞蛤蟆肝，捣烂敷伤口处。

③ 治麻疹出不透。癞蛤蟆肝 1～2 个。水煎服 1～2 次即可。

（八）蟾舌

1. 性味功效

味辛、苦、甘，性凉。归肝、肾经。具解毒散结功效，主治疗疮。

2. 用法用量

外用，研烂加膏，适量，敷贴。

3. 验方举例

治疗鱼脐疗。（癫）蛤蟆舌一个，研烂，用红绸片摊贴，其根自出。

五、蟾酥毒的中毒与急救

蟾蜍的卵及其腮腺、皮肤腺的分泌物，含有多种毒性物质，烧煮不能破坏或消除其毒性。其皮下毒腺被割破时，毒素极易进入蟾蜍肌肉。此外，蟾蜍内脏也存在一定毒性。蟾酥如服用超过135毫克，则产生中毒症状。据有关学者根据国内有关资料统计，因食用蟾蜍中毒者计31例，因服六神丸（含蟾酥）过量中毒者2例，在上述33例中，年龄最小的12天，最大的57岁，15岁以下的少年儿童占大多数，共21例。33例中3例死亡，其余经治疗均获痊愈。因食用引起中毒的有蟾蜍器官、组织、肌肉、头部（包括腮腺）、残存肢爪、肝脏、卵巢、卵子等。看来蟾蜍引起中毒的成分，不仅存在于皮肤腺中，而且存在于多种器官组织中。

（一）中毒症状

中毒症状出现时间多在食后30～60分钟，也有2小时左右者。在食中或食后数分钟出现反应的，多为中毒严重及年幼者。中毒初期上腹部胀闷不适，继之恶心呕吐频作，有的发生腹痛、肠鸣、腹泻，粪稀水样。严重中毒者出现心悸胸闷、气短、心动缓慢、心律不齐、脉搏微弱且不规则，面色苍白、出汗、口唇发绀，四肢冰冷、麻木，膝反射迟钝或消失，头晕、头痛、视物不清、酣睡，少数惊厥，最后出现血压下降等休克症状，甚至死亡。若采酥不慎一旦将蟾酥溅入眼内，可出现红肿、剧烈疼痛、流泪、结膜充血，甚至发展为角膜溃疡。

（二）中毒的处理

采制蟾酥制品应用防护眼镜和手套。干蟾、蟾酥等入药应在医生指导下服用，以免发生中毒。万一不慎发生蟾酥中毒，用0.2%～0.5%高锰酸钾洗胃，口服硫酸镁20～30毫克导泻，必要时可行催吐，高温清洁灌肠。失水可补液，同时予以大量的B族维生素和维生素C。若出现心律失常者，肌内注射或静脉注射阿托品0.5～1毫克，重者静脉注射，轻者皮下注射，每日3～4次，直至心律失常消失。若严重中毒出现休克者，用去甲肾上腺素维持血压；呼吸、循环衰竭者，可选用尼可刹米、咖啡因、樟脑等药物。此外，还可以吸氧。必要时，应用抗生素预防感染。

六、中华大蟾蜍标本的制作

（一）浸制标本

将中华大蟾蜍用乙醚麻醉致死，然后用清水洗涤。将洗好的标本放置在解剖盘上，一次向腹腔内注入适量5%～10%的福尔马林，注入后系上编号标签，并依次将标本登记，然后再放入盛有甲醛液的另一容器内固定。固定时可将背部朝上，四肢纠正呈成活时的匍匐状态，并注意指、趾是否伸展得很好，若有卷曲，用探针拨正位置。固定时间约数小时至一天。最后将标本保存在5%的甲醛溶液或70%的酒精内。

（二）骨骼标本的制作

中华大蟾蜍作为两栖纲的代表动物，在动物演化过程中具有重要意义。在相关专业的教学过程中，经常需要利用中华大蟾蜍的骨骼标本与其他动物骨骼标本进行比较，以使学生容易认识和理解动物骨骼的构造。在制作骨骼标本之前，须初步了解其骨骼构造和位置。否则，在制作过程中容易损伤骨骼，或者容易把某些没有韧带相连的细小骨头遗落。甚至在装架过程中，由于前后左右倒置，而失去标本的应有价值。

1. 选择与处死

为了满足教学上的需要，在制作骨骼标本之前，应选择身体各部位无损伤，而且骨骼完整的已发育成熟的中华大蟾蜍来做标本。特别是头骨最为重要，因为头骨是最基本的观察材料。如果有条件，则应选择不同性别相同年龄制作成一套标本，以利于实验时观察、比较。选好后，将蟾蜍置于密闭的标本瓶中，用乙醚麻醉致死。

2. 剔除肌肉

首先，将蟾蜍置于解剖盘中，用剪刀剖开腹面皮肤，切勿够到胸部肌肉，以免剪坏剑胸软骨，然后将皮肤剥离。在头部后方有一对发达的耳后毒腺，剥皮时应避免溅及眼睛而引起疼痛。其次，用剪将腹腔剪开，挖出内脏，由于两肩胛骨无韧带与脊椎相连，所以，必须在第二、三脊椎横突上，把左右肩胛骨连同肢骨与脊椎分离，使整体骨骼分成两部分。然后，细心地把附着于全身骨骼上的肌肉基本上剔除干净。在剔除荐椎横突与髂骨相关节的肌肉时，应特别小心，宁可暂时多留一些肌肉和韧带，以避免躯干与腰带相关节的韧带分离。同样也应注意四肢的指骨、趾骨。

3. 腐蚀和脱脂

将骨骼冲洗干净，浸入 0.5%～0.8% 氢氧化钠中，1～3 天后取出，在清水中洗去碱液，再把残留在骨骼上的肌肉剔除干净，中华大蟾蜍的骨骼一般可以不通过汽油脱脂而直接进行漂白。

4. 漂白

将骨骼浸于 0.5%～0.8% 过氧化钠等漂白剂中 2～4 天，待骨骼洁白后取出，用清水漂洗干净。

5. 整形和装架

取一块泡沫塑料饭，将骨骼放在上面，并把躯体和四肢的姿态整理好后用大头针固定在泡沫塑料板上，这样可防止在干燥过程中变形。下颌和胸椎骨下面，用纸团垫起，使其呈生活时头部抬起的倾斜状，两上肩胛骨附着在第二、三颈椎横突的两侧，待骨骼干燥后，用白胶粘住。前肢的腕骨和后肢的蹠骨也用白胶粘在标本台板上。

（三）剥制标本的制作

1. 剥离皮肤

将中华大蟾蜍放用乙醚深度麻醉致死后，将蟾体仰卧于桌上，在腹面中央把腹部皮肤纵行剖开，用手指把两侧的皮剥离。用手将两腿推出，并在股骨与胫、腓骨之间的关节处截断，然后特其躯体翻转，使背面朝上，头部向左，把后肢翻向背的上方，再向前剥至出现前肢，在肱骨与尺、桡骨之间关节处截断两前肢骨。继续向前剥至头部为止，在头骨和颈椎骨之间连同肌肉截断。然后，除去脑和附在头部周围的肌肉，并挖去眼球，最后把四肢顺次剥至指、趾骨出现为止，除掌、趾骨外，可将其他的肢骨连同肌肉全部除去。

2. 防腐处理

先用75％酒精浸2小时，取出用水冲洗后再用防腐粉涂于皮肤的内侧，即可进行充填。也可使用食盐、明矾液浸泡5天。

3. 姿态标本的充填

先取两团棉絮，填于眼眶中，以替代除去的眼球，随后把四肢和头的皮肤翻转复原。量取铅丝三段，分别插入头部和四肢，用绳在躯体中央把铅丝支架结扎在一起（见图7-4），然后用木屑进行充填，或在木屑中加入适量的稀白胶。充填时先由四肢开始，其间需用镊子伸入前肢和后肢，把填充物充填至适当大小，再充填躯体，并用针线缝合剖口。由于蟾的口很大，如果发现充填不足，可张开其口，把填充物由口腔充填入体内。为了防止木屑由口中漏出，需用一小块棉絮塞于口中，以堵住木屑。待充填好后，用清水洗净蟾的体表。

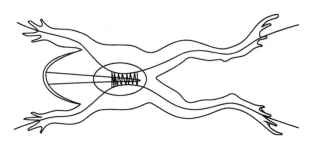

图7-4 中华大蟾蜍支架的安装方法

4. 整形

将蟾体充填完毕后，即把四肢整理成合适的生活姿态，以脚上的铅丝固定在标本台板上，并嵌入义眼。然后用手捏其腰背部，使形成生活时的凸起形状。最后置于通风处晾干。干燥后，再用稀清漆涂布皮肤各处，使其湿润。如果有条件，可在标本橱窗中布置一些生态环境，如草地、池塘等，使标本显得更生动逼真。

（四）血液循环的注射标本

1. 注射色剂的配制

在观察血液循环系统之前，必须在血管里注射一些不溶于酒精、福尔马林的颜料和填充剂，使被注射的血管能保持饱满的血管形状和一定的颜色，以显示出血管的分布情况。为了使观察时容易区别动脉和静脉血管，通常采用双色进行注射，即在动脉血管中注射红色液，静脉血管中注射蓝色液。注射色剂种类很多，常用的配制方法如下。

明胶（动物胶）25克，银珠或柏林蓝或铬黄10克，水100毫升。先将明胶捣碎成小片，按比例加水浸泡2～4小时，在水浴锅内隔水加热，使明胶全部溶化。加入色料，用玻璃棒搅拌均匀。然后用双层纱布过滤后即可使用。

明胶1份，重铬酸钾5份，醋酸铅5份，水4份。将明胶与重铬酸钾同水融合，在水浴锅中隔水加热至接近沸点，然后加入醋酸铅并搅拌均匀。色剂的浓度确定，可取一滴胶液滴在玻璃板上，使其能缓慢流动即可。

2. 动脉注射

中华大蟾蜍动脉注射部位为心脏或动脉圆锥。将中华大蟾蜍用乙醚麻醉致死，用水冲洗后，仰卧于解剖蜡盘上，使四肢伸开，并用大头针固定。将蟾蜍放在玻璃缸中，将脱脂棉用乙醚浸湿后放入缸内，待蟾蜍深度麻醉后取出，为保持它的体温高一些，可放入温水中。注射前取出标本，放入解剖盘内。将腹面皮肤由后向前剪开，再沿腹部偏蟾体左侧（避开紧贴在腹壁的内侧正中线上的腹静脉）向前剪开腹壁，一直剪到肩带，并剪断肩带的锁骨及乌喙骨。在剪开时应小心，避免损伤腹静脉和心脏。然后，用镊子夹起围心膜后将其剪开，使心脏显现。提起心脏，用一根棉线结扎动脉圆锥基部，以隔断动脉圆锥和心室的通路。另备一根棉线，留待针头抽出后结扎用。针头自动脉圆锥处刺入，注射色剂（3～5毫升），推力要适度，压力过大会造成血管爆裂；压力小则远端易阻塞。至肠系膜动脉或四肢远端皮肤的小血管充满了色剂，即停止注射，抽出针头，打结即可。注意保持四肢处于伸展状态。

3. 静脉注射

静脉注射部位为腹静脉。腹静脉位于腹腔表面正中央。先将静脉窦结扎起来，然后翻转腹部肌肉，可见腹静脉。穿好 2 根棉线，将左手指垫在腹静脉下，再将针头自两棉线之间刺入，注射完前部，再注射后部。待胃壁或皮肤的静脉充满色剂即可抽出针头，结紧线圈。静脉系统注射量一般为 7～8 毫升。

4. 解剖、检查和补充注射

将下颌和四肢的皮肤剪开后检查四肢等处，如果肱静脉、股静脉和肠系膜静脉等血管中色液不明显，可适当进行补充注射。

5. 整理、固定和装瓶

待色液凝固后，将胸部和腹部两侧肌肉适当加以剪除，并用大头针将四肢固定在蜡盘上，再把各部位血管周围的结缔组织尽量剔除，使血管清晰显现。卵巢发达的个体，应将大部分卵块切除，再将其余各器官整理好，并取两层纱布，浸于福尔马林中湿润以盖其体表，当蟾体硬化时，再浸于 10% 福尔马林中，约半个月取出，即用水冲洗干净。继续把蟾体用线固定于玻璃片上后装入标本瓶中，然后加入 10% 福尔马林新液保存。为了便于实验观察，可将其背部、腰部的脊椎连同肌肉剪除，再固定于玻璃片上，使体动脉弓和背大动脉等血管暴露出来，在体表清晰可见。

第八讲

中华大蟾蜍的疾病防治

一、中华大蟾蜍疾病发生的原因

中华大蟾蜍在野外自然条件下，虽然环境条件恶劣，经常处于日晒雨淋、阴暗潮湿的环境中，但很少生病。这是因为中华大蟾蜍有一系列抵御疾病的机制，其湿润的皮肤分泌多种杀菌酶，这些杀菌酶甚至具有抗生素无法比拟的作用，加上中华大蟾蜍体内具有免疫系统，能杀灭进入体内的各类病菌。但是，中华大蟾蜍的抗病能力是有限度的，当环境条件（如水质）恶化导致机体衰弱、受伤、抗病力减弱时，中华大蟾蜍也会感染各种疾病。野生中华大蟾蜍在野外分散活动，环境宽广，即使发病，相互传染的机会也较小。在人工养殖条件下，放养密度大、环境污染严重、饵料比较单一，病原体极易在中华大蟾蜍之间传染，一旦发病，治疗起来非常麻烦，不但要花费大量的人力物力，还严重影响中华大蟾蜍的生长发育，降低养殖的经济效益。因此，防病工作在养蟾业中非常重要。

从上述可知，中华大蟾蜍的发病原因都是由内因（蟾体自身的体质及抵抗力）和外因（蟾蜍所处的外界环境中的各种致病因素）

相互作用的结果。从内因方面来说，中华大蟾蜍的体重、体质、年龄都和疾病的发生密切相关。一般刚变态的幼蛙和年龄大的种蟾发病率较高，而青壮年蟾发病率较低。蝌蚪个体小、抵抗力差，发病率高；在高温条件下孵化出来的蝌蚪体质先天不足，畸形比例高，容易发病。在机体营养不良时，抗病能力差，对环境适应能力不强，则易患病。从外因方面来说，中华大蟾蜍是否发生疾病，取决于病原体的质和量，又取决于环境质量。恶劣环境有利于病原体繁殖，不利于蟾的生存使蟾体抵抗力下降，这时更容易发病。具体地讲，放养密度过大、水质太肥或受污染、水温过高或过低、投饵不科学，中华大蟾蜍抵抗力差时易发病。清池消毒不彻底，水源未经消毒，带进病原体或使病原体大量繁殖，都可引发蟾病。此外，低（高）温、外伤、饵料单一等也可导致蟾病。

二、中华大蟾蜍疾病的预防

了解中华大蟾蜍发病的条件，在防病时要以无病早防、有病早治的积极态度科学对待疾病防治工作。有针对性地重点加强科学饲养管理，改善中华大蟾蜍的生存条件，保护中华大蟾蜍免受伤害，培育健壮的机体，抵抗病原体的危害；另一方面，要保护中华大蟾蜍的生存环境，阻止病原体进入和抑制病原体繁殖，减少对中华大蟾蜍的侵袭。

（一）加强饲养管理，增强蟾蜍抗病力

1. 合理放养

放养时做到分级分池，使每个养殖池内蟾蜍个体大小规格一致，并且放养密度适当。这样可使蟾蜍生长发育整齐，减少因出现弱小个体而发病的可能。

2. 科学投饵

在中华大蟾蜍的整个养殖过程中，提供品种多样、营养丰富、清洁卫生的饵料。投饵量应适当，根据蟾蜍的大小、数量、温度等情况灵活掌握。投饵坚持定时、定位、定质、定量，使蝌蚪和成蟾养成定时进食、定点摄食的好习惯，同时防止蝌蚪和成蟾贪食而造成"伤食"影响健康。随时清洗饵料台，清除残余饵料。

3. 小心操作

在捕捉、运输等操作过程中，要谨慎小心，避免蟾体受伤，受伤后要及时用高锰酸钾浸泡消毒。此外，蟾池的墙面和池底要求光滑，避免擦伤蟾蜍的体表。勤巡塘、勤检查，尽早发现病害并及时采取防治措施。

4. 严格检疫

检疫是防止疾病传入的首要措施。蝌蚪或成蟾从外地引进应采取多种方法进行诊断。如发现中华大蟾蜍在体色、体表完整性、摄食、活动、精神状态等方面有异常表现或明显病态，应严禁引入。

（二）创造优良的生活环境

1. 养殖场的建设必须符合防病要求

中华大蟾蜍养殖场的水源要无污染。有害的被污染的水会损害中华大蟾蜍的健康，水体传染疾病很快，因此水源一定清洁无污染。

2. 控制和消灭病原体

病原体的存在是中华大蟾蜍发病的直接原因，而消毒是控制和杀死病原体的有效方法。

（1）定期消毒

一般在每年的春季或秋季对水池、网箱及其他养殖设备进行一次彻底消毒。常用的消毒药物有生石灰、漂白粉。

（2）蝌蚪和幼蟾消毒

为预防疾病，切断传染途径，在放养前及分池时都应该对蟾体进行消毒，以后每隔一定时期消毒一次。消毒前应认真做好病原体检查。蟾体消毒一般用浸泡法或喷洒法，常用药物有漂白粉、硫酸铜、磺胺嘧啶、高锰酸钾、庆大霉素、四环素、土霉素。消毒时间长短，还应根据当时温度、湿度、水温及蝌蚪、幼蟾的承受能力灵活掌握。

（3）饵料消毒

幼蟾或蝌蚪食用带有病原体的饵料往往会诱发疾病，同时也会将病原体带入养殖区，成为新的传染源。即使暂时不发病，一旦时机成熟，病原菌就会大量繁殖就会诱发疾病。因此在给蝌蚪喂食时，尽量选新鲜的饵料，并且煮熟了以后再喂。幼蟾摄食的活饵料，在投喂前要在浓度为 5×10^{-6} 高锰酸钾溶液中浸泡 2 分钟，用清水洗干净后再喂。

（4）控制水环境

在蝌蚪放养前要进行全池消毒，目的是杀灭池水和淤泥中的有害生物，改良水体和池底的生态结构，为蟾蜍繁殖和蝌蚪生长、变态提供一个优化的生态环境。在放养之前，要彻底消毒，养殖中要经常换水，防止水质恶化。防止水温过高过低。

（5）控制陆地环境

中华大蟾蜍一生中有 70% 以上的时间是在生态条件较好的陆地环境中生活，因此陆地养殖环境应满足中华大蟾蜍的需要。夏季主要是防暑，地面温度不要超过 26℃，超过时要及时遮阳、喷水、通风降温，最好控制在 18～22℃。10 月中旬以后要注意防寒，防止产生冻害，及时把中华大蟾蜍放入越冬池。不同时期中华大蟾蜍对湿度要求不同，变态幼蟾的要求最大，以后逐渐降低，变态幼蟾湿度控制在 85%～90%。1～2 月龄幼蟾控制湿度在 80%～85%，3 月龄以上蟾湿度控制在 70%～80% 即可。必要时进行加湿处理。陆地需布置一定的隐蔽物，供蟾蜍遮阳、隐藏。

（6）消灭或驱除敌害

敌害是蟾蜍养殖中必须时刻注意的问题，若有疏忽，便会造成经济损失。敌害主要包括水蜈蚣、猫、鸟类、鼠、蛇等，一旦发现必须尽早用药物消灭或人工驱除。

三、中华大蟾蜍疾病的诊断

疾病诊断的基本原则是提前发现、及时诊断、对症下药、谨防扩散。由于蟾蜍昼宿夜行性，以及蟾蜍在低温下代谢率低等特点，使蟾蜍患病初期不易诊断，从而延误治疗和控制疾病传播。所以，养殖中华蟾蜍要注意经常观察中华大蟾蜍的状态和摄食等行为，发现异常及时诊断，采取措施。中华大蟾蜍疾病的诊断可以按以下程序进行，即病因获得调查与访问、临床诊断、病理学诊断、病原学诊断、血清学诊断。在具体诊断中华大蟾蜍疾病时，有些病仅用 1～2 种方法就能做出诊断，如蝌蚪气泡病一般通过观察病蝌蚪和水质就能诊断，而细菌性败血症就必须进行实验室诊断方能查明是由何种病原引起。

(一) 问诊

问诊的目的是了解中华大蟾蜍发病及发病前饲养管理情况，如环境条件、病史和疾病发生情况、发病数量与比例、危害程度、采用过的防治措施及其效果等，然后将获得情况进行纵向、横向比较，从而为最终正确、及时的确诊提供依据。

(二) 临床诊断

本法主要是在发病现场对病蟾进行诊断，其手段是用眼睛直接观察。中华大蟾蜍由于大多数时间是隐蔽于阴凉的低温下，新陈代谢率较低，其患病初期不易诊断出来；随着病情的发展，病蟾逐渐显露出易于被察觉的症状，如精神不振、离群、反应迟钝、体色异常、食欲下降甚至拒食等，这些症状很多病蟾都可能表现，称为一般症状。根据一般症状，进一步对全群中华大蟾蜍进行观察，从而对蟾病的性质及程度进行初步估计，然后对患病中华大蟾蜍个体进行全面检查，力求发现一些具有诊断价值的特征性症状。

对病蟾个体的检查首先是观察其精神是否异常，其姿势、体色、皮肤光泽度，接着仔细检查病蟾的头部、吻端、口腔、眼睛、背部、胸部和四肢皮肤的完整性及颜色，胸腹部的隆起度，肛门是否脱出，体表有无寄生生物。例如中华大蟾蜍头顶部有圆形或长条形白色病变可能是白点病。腹部异常膨大，叩击时有水样，多见于水肿病。眼睛变为灰白色、视力消退、失明、皮鼓胀、有溃烂可能为腐皮病。对于大多数难以确诊的疾病，应及早处死症状明显的病蟾，进行剖检。解剖病蟾要及早进行，对于死亡较久和发生腐败的病蟾病变组织已发生变化，难以反映真实情况，最好剖检临死或刚死的中华大蟾蜍。解剖病蟾，首先沿腹中线剪开皮肤，蟾皮与肌肉容易分开，先观察肌肉是否出血，淋巴间隙是否沉淀，肌肉是否被胆汁黄染；然后向前剪开肌肉直至胸骨处，再从胸骨右侧剪开胸腔，使内脏器官充分暴露，随后仔细观察内部器官的变化，如肝、食道、胃、肠、性腺等有无颜色改变、有无出血或充血、有无溃烂或斑点、有无肿大或萎缩、黏液是否增多等。

（三）实验室诊断

取濒临死亡的个体进行实验室检测是最终确诊疾病的有效手段，对于以前没有记载的疑难杂症，实验室检测就显得更加重要。对肉眼看不见的一些小型寄生虫如车轮虫、舌杯虫、细菌等，检查时用载玻片刮取病变组织制成水浸片，在显微镜下观察病原体以诊断疾病。必要时可取病灶组织按常规病理组织学方法制备病理切片，为中华大蟾蜍疾病诊断提供辅助依据。必要时，可进行病原体分离，或进行免疫学诊断。

四、中华大蟾蜍常见疾病的防治

（一）蟾卵主要疾病

1. 霉菌病

【病因】霉菌大量繁殖所致，尤其是在连绵阴雨天气下特别容易发生。霉菌病对卵和孵化中的胚胎危害最大，多发生于水质较差、卵块密度太大、气温骤然下降、水温不足和阳光缺少等情况下。

【症状】蟾卵四周出现肉眼可见的灰白色菌丝，严重影响蟾卵的孵化与存活，孵化率严重下降。

【防治】保持产卵池、孵化池清洁卫生，防治霉菌污染。孵化时，特别是在初期光照要足。如遇寒潮来临或阴雨天，可将卵装入水盆，在室内用白炽灯照射孵化。被霉菌污染或发生过霉菌病的水体可用石灰水或高锰酸钾稀释溶液清池消毒。

2. 沉水卵

【病因】卵沉入水底，阳光照射不足，致使孵化率下降。

【症状】出虫卵沉降于水底。表面粘满灰尘及杂质，使蟾卵沉于水底。严重影响蟾卵的孵化率。

【防治】保持孵化池池水清洁，使卵块浮于水面，避免水流过速，盖上塑料布防止灰尘落入池中。

（二）蝌蚪主要疾病

1. 车轮虫病

【病因】由原生动物门纤毛纲的单细胞动物车轮虫（见图 8-1）寄生于蝌蚪的体表和鳃部组织而引起本病。车轮虫体侧面呈碟状或毡帽状。顶面有一口沟，下接胞口和胞咽，口沟两侧各有一行纤毛。反口面为周围平坦、中间凹陷的附着盘。凹入处有明显的齿环和辐射线。由于齿环像车轮，该虫以反口面向上或以反口面附着于蝌蚪的鳃、皮肤上做车轮般滚动，故名车轮虫。本病流行于 4～6 月，以 5～8 月最为流行，适宜水温为 18～28℃。常发生于放养密度过高、饵料供应不足的养殖场，主要危害蝌蚪。

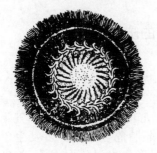 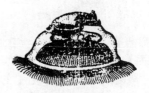

(a) 虫体的反口面观　　　　　(b) 虫体的侧面观

图 8-1　车轮虫

【症状】患病后，蝌蚪食欲减退，呼吸困难，动作迟缓而离群。肉眼可见患病蝌蚪尾部发白、腐烂，鳃丝颜色变淡。在显微镜下可观察到患病蝌蚪全身布满车轮虫，若不及时治疗，会引起大量死亡。

【防治】保持水质清洁卫生，适时分池放养，保持合理养殖密度。发病初期，可用硫酸铜与硫酸亚铁合剂（5∶2）按 0.7 毫克/米^3 浓度全池泼洒。

2. 斜管虫

【病因】斜管虫病由斜管虫寄生在蝌蚪的体表及鳃上引起。斜管虫适宜水温为 8～18℃，因此初冬和春季是本病的流行季节。

【症状】患病蝌蚪体色由黑褐色变成黄褐色，常浮在池边，反应十分迟钝，停食，腹部较小，陆续死亡。镜检体表黏液时，可发现大量的斜管虫。

【防治】放养蝌蚪前每立方米水体用 0.7 克硫酸铜全池泼洒，

进行全池消毒。适时分池放养，保持合理养殖密度，保持水质清洁卫生。发现病情后，即用硫酸铜与硫酸亚铁合剂（5：2）0.7毫克/升浓度全池泼洒。

3. 气泡病

【病因】水池水过肥或水质不洁、水内溶氧过多、高温时产生气泡较多，气泡被蝌蚪吞食，造成本病。本病是蝌蚪的常见病，发病迅速，一般蝌蚪越小越敏感，如不及时抢救，死亡率极高。

【症状】最初蝌蚪感到不舒服，在水面做混乱无力游动，不久蝌蚪体表及体内出现气泡，当气泡不大时，蝌蚪还能反抗其浮力而向下游动，但身体已失去平衡，尾向上、头向下，时游时停，随着气泡的增大及体力的消耗，蝌蚪失去自由游动能力而浮在水面，不久即死。解剖及用显微镜检查，可见鳃、皮肤及内脏的血管内或肠内含有大量气泡，引起阻塞而死。

【防治】高温期间每2～3天换水一次，池底有机物不可过多，施肥应量少、次多。投喂干粉饲料，要充分浸泡透湿。发现本病时及时加注新水，可有效防止病情的进一步发展。

4. 弯体病

【病因】主要是新辟的养殖池，水中富含重金属盐类，为害蝌蚪神经与肌肉。或缺钙和维生素等营养物导致蝌蚪神经肌肉活动异常，产生"S"形弯体病。

【症状】蝌蚪身体出现S形弯曲，僵硬病态。严重时引起死亡。

【防治】经常换水改善水质，消除重金属盐类。补充富含钙和维生素的饵料。

（三）变态期幼蟾主要疾病

1. 溺死症

【病因】变态后幼蟾体质过弱或变态池设计不合理，致使变态后幼蟾不能及时上岸，在水中挣扎，最后因体力消耗过大而淹死在水中。

【症状】在变态池发现大量死亡幼蟾，死亡幼蟾蟾体变白，四肢伸展僵硬，腹部朝上。

【防治】变态池四周坡度应由水中缓慢过渡到岸边，以便于变态蝌蚪登陆。加强蝌蚪期的饲养管理，确保变态后幼蟾体质强健。

变态期在变态池周围及中央放置一些树叶、杂草，供变态幼蟾攀扶休息，并适时降低池水深度。

2. 饿死

【病因】变态后幼蟾上岸后 2 周内不能及时吃到食物而逐渐饥饿致死。

【症状】在隐蔽物下发现大量死蟾，蟾体尾部吸收良好，头大，腹部干瘪，四肢瘦弱，伏地而死。

【防治】加强蝌蚪期的饲养管理，培育体质健壮的幼蟾。地面设置的隐蔽物不要过多，保持环境的安静，及时投喂大小适宜、足量的饵料昆虫，确保变态后幼蟾能及时获得充足的食物。

(四) 成蟾主要疾病

1. 胃肠炎

【病因】投喂不洁饵料、暴饮暴食容易引发胃肠炎，病原为细菌，可能是气单胞菌和链球菌。

【症状】初期病蟾躁动不安、乱爬乱钻，不下水，常钻在池边角落，不食。后期瘫软无力，静卧池或浅滩，惊扰时无反应。剖检可见病蟾肛门红肿，胃肠道充血、发炎。

【防治】要定期换水，保持水质清新；注意饵料台的清洁卫生，投喂后要及时清洗饵料台，清除残饵，并定期用漂白粉消毒；不投喂腐烂变质的饲料。发病后要及时撒漂白粉进行水体消毒，并在饵料中加拌青霉素、链霉素、酵母粉、磺胺类成药饵投喂。

2. 腐皮病

【病因】主要是饲料单一，缺乏维生素 A，皮肤破溃后感染细菌所引起。本病的死亡率高达 90% 以上。

【症状】病蟾头部皮肤溃烂，呈灰色，表皮脱落、腐烂，脚面溃烂，关节肿大、发炎，皮下、腹下充水，取食减少，重则不动不食，有时伴有烂眼症状。

【防治】定期换水，保持池水清洁卫生，经常用生石灰、漂白粉等消毒剂消毒食台和幼蟾聚集处。保持合理放养密度，同池蟾蜍的规格大小相近。尽量保证饵料多样、营养全面、新鲜，并富含维生素 A、维生素 B、维生素 C 和维生素 D。患病初期，可在饲料中添加适量鱼肝油，病情严重时还应全池撒漂白粉，并同时加服抗菌药物如土霉素，以及维生素 C、维生素 B$_6$ 等，效果良好。

3. 厌食病

【病因】主要是因为频繁受到惊扰、换池、长期投喂单一饲料所引起。本病多发生于幼蟾和成蟾，发病率较低，死亡率也较低。

【症状】中华大蟾蜍很少进食或停食，蟾体消瘦，生长速率极低，严重影响蟾的生长发育。

【防治】确保养殖场环境安静，不随意下池捕捉；消毒、清除残饵等操作时，尽量不惊扰蟾蜍。中华大蟾蜍最好自始至终养殖在其熟悉的环境中；投喂饵料多样化。蟾蜍出现厌食现象时，可投喂其喜欢的活动性较强的饵料如蝼蛄等，诱其捕食，消除厌食情绪。

4. 脱肛病

【病因】病因不明。本病主要危害成蟾，气温转暖时常有发生。

【症状】病蟾食欲减退，行动不便，体质消瘦，直肠外露于泄殖腔（肛门口）之外 1～2 厘米，并由此继发细菌感染。

【防治】隔离病蟾。首先用消毒剂洗净后，再用冷开水洗净外露直肠，立即塞入泄殖腔内，然后将病蟾放入隔离的清水池（盆）中精心护理，减少其他活动，防止被同类相残。

五、中华大蟾蜍的常见敌害

（一）藻类

【危害】青泥苔、微囊藻、水网藻和甲藻等杂藻及孢子随灌水或投放水草和天然饵料时被带进池中。每年春季，各类藻类的孢子萌发成像头发丝似的藻类，占据蟾池空间，吸收水中营养，使池水变清，影响生物饵料的繁殖，严重影响蝌蚪的生长。蝌蚪一旦游入其中，常被藻丝缠住，蝌蚪因无力挣脱而死亡。在繁殖盛期，蝌蚪身上都长满了藻丝，严重影响其生长。水网藻的危害比青泥苔严重，甲藻危害中等。蝌蚪吞食甲藻后会中毒死亡。

【防治】蝌蚪放养前，每平方米池塘用生石灰 50～100 克，划水全池泼洒可杀灭青泥苔和水网藻，或草木灰撒在青泥苔和水网藻上。当蟾池中出现甲藻时，用 0.7 毫克/升硫酸铜溶液全池泼洒，能杀灭甲藻。已放养蝌蚪的塘或池，可用硫酸铜溶液全池泼洒，能有效杀灭青泥苔和水网藻。

（二）水生昆虫

1. 龙虱

【危害】龙虱为鞘翅目昆虫，其幼虫又名水蜈蚣、水夹子（见图 8-2）。龙虱成虫和幼虫都系肉食性，成虫白天栖息于水边捕食蝌蚪，晚间可飞到其他地。水蜈蚣比成虫凶猛贪食，一条水蜈蚣一晚可吃掉 6～10 尾 4 厘米长的蝌蚪，尤以 2～3 厘米的蝌蚪受害最重。蝌蚪饲养季节正是水蜈蚣繁殖盛季，其危害甚为严重。

【防治】蝌蚪放养前，每 666.7 米^2 用生石灰 50～70 千克清池（水深为 1 米），可以杀灭水蜈蚣；养殖池注水时，要用密网过滤，防止龙虱随水进入。一旦发现蟾池中有水蜈蚣，可用网捞起杀死，或用晶体敌百虫溶液全池泼洒。

(a) 成虫　　　(b) 幼虫——水蜈蚣

图 8-2　龙虱

2. 红娘华

【危害】红娘华又称水蝎，体长 30～40 毫米，身体扁而狭长。通常呈黄褐色，头小有复眼一对，口吻锐利，口器吮吸式；前足发达加镰刀状，中足与后足细长行动缓慢。其相似种还有蝎蝽、螳蝽、小螳蝽等。红娘华在我国分布很广，常隐存在水草丛中，以突然捕捉食物。主要危害小蝌蚪。

【防治】与龙虱相同。

（三）其他

1. 蚂蟥

【危害】蚂蟥又称水蛭，属环节动物门蛭纲。蚂蟥寄生于蝌蚪及幼蟾体表，汲取蝌蚪和蟾蜍的血液，影响其生长发育，且损伤皮肤易感染其他病原而发病，严重时可使其死亡。

【防治】目前尚无既能杀死蚂蟥又能保存蝌蚪和蟾的有效方法。主要防治方法是保持水质清洁，定期用生石灰全池泼洒。

2. 蛇

【危害】蛇部分时间在水中生活，捕食蟾蜍及蝌蚪，危害较为严重。有些蛇类在陆地上捕食幼蟾。

【防治】应将蟾场四周的蛇洞堵死，一旦发现即将其杀死或驱赶。

参 考 文 献

[1] 李顺才. 蟾蜍养殖新技术. 武汉：湖北科学技术出版社，2011.

[2] 颜昌栋. 青蛙与蟾蜍. 生物学通报，1955，(11)：17-23.

[3] 龚双姣，等. 中华大蟾蜍蝌蚪的摄食节律和日摄食率. 吉首大学学报（自然科学版），2005，26 (3)：69-71.

[4] 潘红平，等. 蝇蛆高效养殖技术一本通. 北京：化学工业出版社，2011.

[5] 昝明财，等. 养蛆设施——养蛆池的改进，畜牧兽医杂志，2007，26 (3)：91.

[6] 陈德牛. 蚯蚓养殖技术. 北京：金盾出版社，2008.

[7] 吕秀芬. 中华大蟾蜍的胚胎发育简述. 生物学通报，1985，(1)，13-14.

[8] 王立志. 大蟾蜍卵孵化的温度效应研究，河北农业大学学报，2006，29 (3)，71-75.

[9] 周正西，等. 动物学. 北京：中国农业大学出版社，1998.

[10] 钱伟平. 诱导蟾蜍排卵及蝌蚪生长发育规律的试验研究，经济动物学报，2004，8 (3)：157-160.

[11] 刘龙学，等. 林蛙养殖. 北京：中国农业出版社，2008.

[12] 陈宗刚，等. 蟾蜍圈养与利用技术：北京：科学技术文献出版社，2009.

[13] 潘红平，等. 怎样科学办好牛蛙养殖场. 北京：化学工业出版社，2012.

[14] 高本刚，余茂耘. 有毒与泌香动物养殖利用. 北京：化学工业出版社，2005.

[15] 费梁，叶昌媛，等. 中国两栖动物检索及图解. 成都：四川科学技术出版社，2004.

[16] 费梁，等. 中国两栖动物图鉴. 郑州：河南科学技术出版社，2000.

[17] 李顺才. 蟾酥的采收，加工及其真伪鉴别. 农村实用科技信息，1997，(3)：19.

[18] 李顺才. 采集蟾酥正适时. 农家参谋，1997，(7)：13.

[19] 张耀光. 不同温度对中华蟾蜍早期胚胎发育的影响，动物学杂志，1990，25 (2)：22-27.

[20] 吴泽君，谭同来. 动物类中药的鉴别与临床应用. 太原：山西科学技术出版社，2009.

[21] 朱良春. 虫类药的应用（增订本）. 太原：山西科学技术出版社，1994.

[22] 叶昌媛，等. 中国珍稀及经济两栖动物. 成都：四川科学技术出版社，1993.

[23] 杨安峰. 脊椎动物学（修订本）. 北京：北京大学出版社，1988.

[24] 叶昌媛，等. 中国珍稀及经济两栖动物. 成都：四川科学技术出版社，1993.

[25] 王琦，等. 蟾蜍养殖与利用. 北京：金盾出版社，2002.

[26] 李鹄明，等. 经济蛙类生态学及养殖工程. 北京：中国林业出版社，1995.

[27] 肖培根，等. 新编中药志（第四册）. 北京：化学工业出版社，2002.

[28] 国家中医药管理局《中华本草》编委会. 中华本草（第九册）. 上海：上海科学技术出版社，1999.

[29] 王凤，等. 食用蛙类的人工养殖和繁育技术. 北京：科学技术文献出版社，2011.

［30］ 徐桂耀，等. 牛蛙养殖. 北京：科学技术文献出版社，1999.

［31］ 徐鹏飞，等. 石蛙高效养殖新技术与实例. 北京：海洋出版社，2010.

［32］ 卢赣鹏，等. 500味常用中药的经验鉴别. 北京：中国中医药出版社，2001.

［33］ 缪珠雷，等. 中华大蟾蜍新药用部位——蟾蜕的来源、性状观察及本草考证，时珍国医国药，2006，17（11），2323-2324.

［34］ 缪珠雷，等. 蟾蜕抗肿瘤及增强免疫效应研究，中国中药杂志，2010，35（2），211-214.

［35］ 缪珠雷，等. 中华大蟾蜍新药用部位——蟾蜕的来源、性状观察及本草考证，时珍国医国药，2006，17（11），2323-2324.

［36］ 张金鼎，等. 虫类中药与效方. 北京：中医古籍出版社，2002.

［37］ 肖方. 野生动植物标本制作. 北京：科学出版社，2003.